# DU DÉFRICHEMENT

DES

# BRUYÈRES

et particulièrement des

LANDES SABLONNEUSES DE LA CAMPINE

PAR

**PHOCAS LEJEUNE**

Directeur de l'école d'agriculture de Thourout.

BRUXELLES,

ÉMILE TARLIER, ÉDITEUR,

Montagne de l'Oratoire, 5

1860

# DU DÉFRICHEMENT

DES

# BRUYÈRES

# DU DÉFRICHEMENT

DES

# BRUYÈRES

ET PARTICULIÈREMENT DES

## LANDES SABLONNEUSES DE LA CAMPINE

PRÉCÉDÉ D'UN

examen général et comparatif des conditions culturales

DE LA

FLANDRE ET DE LA CAMPINE

PAR

PHOCAS LEJEUNE

Directeur de l'École d'agriculture de Thourout.

---

BRUXELLES

LIBRAIRIE AGRICOLE D'ÉMILE TARLIER

Éditeur de la Bibliothèque rurale

MONTAGNE DE L'ORATOIRE, 5.

1860

BRUXELLES. — TYP. DE VEUVE J. VAN BUGGENHOUDT
Rue de Schaerbeek, 12.

# DU DÉFRICHEMENT

DES

# BRUYÈRES

Saint-Nicolas (Meurthe), imp. de P. Trenel.

PUBLICATIONS AGRICOLES DE E. LACROIX

# DU DÉFRICHEMENT

DES

# BRUYÈRES

ET PARTICULIÈREMENT DES

## LANDES SABLONNEUSES DE LA CAMPINE

PRÉCÉDÉ D'UN

## examen général et comparatif des conditions culturales

DE LA

FLANDRE ET DE LA CAMPINE

PAR

**PHOCAS LEJEUNE**

Directeur de l'École d'agriculture de Thourout

PARIS

LIBRAIRIE SCIENTIFIQUE, INDUSTRIELLE ET AGRICOLE

**E. LACROIX**

15, QUAI MALAQUAIS, 15

# I

## Coup d'œil général et comparatif sur les conditions culturales de la Flandre et de la Campine.

L'Allemagne qui peut revendiquer l'honneur d'avoir posé les premiers jalons de l'*économie rurale*, de la science agricole, la seule qui puisse nous éclairer dans le choix des moyens que l'homme met en œuvre pour faire fructifier le sol avec profit, aura la réputation de lui avoir donné pour base ce principe : *Que la meilleure agriculture n'est pas toujours celle qui produit le plus sur une surface donnée ; qu'il existe des positions où le cultivateur doit se contenter de ce que le sol fournit presque spontanément, c'est-à-dire à l'aide d'un capital d'exploitation proportionnellement peu élevé.*

Il y a déjà longtemps qu'elle a admis, dans les systèmes de culture, deux grandes divisions désignées sous les noms de *culture intensive* et de *culture extensive*.

La culture intensive est propre aux pays riches, où la population est nombreuse, la terre morcelée et chère, les communications faciles, les débouchés lucratifs. Elle emploie dans une grande proportion le travail et les capitaux, elle cherche à arriver au plus grand produit brut possible, joint à la conservation de la plus haute fécondité. Le plus haut degré d'intensité est représenté par la culture jardinière ou l'horticulture, et l'on peut considérer la culture flamande, et particulièrement celle du pays de Waes, comme un type de culture très-intensive.

La culture extensive, au contraire, est propre aux pays pauvres, à population rare, au sol infertile et de peu de valeur, où les communications sont difficiles et les débouchés mauvais. Le caractère de la culture extensive est d'exploiter une grande étendue de terre avec un petit capital; elle laisse agir, surtout, les forces spontanées de la nature au lieu de leur venir en aide par des moyens artificiels créés par les capitaux; elle met en pratique cet axiome économique: « que, dans toute production, l'industriel doit employer dans la plus grande proportion l'élément qui coûte le moins cher; » or, comme ici c'est la terre qui est à bas prix et que le travail et les capitaux sont rares, elle exploite une grande surface avec peu de bras et peu d'argent.

Les cultures les plus extensives sont représentées par le système pastoral, où l'administrateur tire parti du sol par les troupeaux. C'est ainsi que sont exploités d'immenses terrains dans le nouveau monde, en Australie, en Afrique et, plus près de nous, dans les Ardennes. Elle est encore représentée par le système forestier, où l'homme abandonne le sol à la production du bois.

Cette théorie ne pouvait pas rester ignorée ; elle était d'ailleurs appliquée à l'exploitation des domaines de l'Allemagne, et comme elle était en opposition avec les idées admises dans la pratique des agronomes français, elle devait bientôt franchir la frontière, pour être soumise à leurs investigations.

En 1839, dans son *Catéchisme des cultivateurs, pour l'arrondissement de Montargis*, et plus tard en 1840 et 1841, Royer (1) qui alors n'avait à ce qu'il semble aucune connaissance des changements qui s'étaient opérés dans les idées des disciples de Thaër sur cette matière, insérait, dans les *Annales de l'Ouest de la France*, un mémoire intitulé : *De l'acquisition de la propriété et de l'évaluation du sol*, où ses études sur les causes du produit brut et du produit net, sont en parfaite concordance avec les écrits de l'Allemagne sur le même sujet. Nous entendons parler de ses *périodes de fécondité*, complétées par ses études sur le produit net, car nous ne suivrons pas l'auteur dans ses recherches sur l'évaluation du sol.

Royer, s'appuyant sur des preuves fournies par De Candolle, qui a constaté qu'à des hauteurs correspondantes pour obtenir la même température à des latitudes différentes, la flore des montagnes granitiques de la

(1) Royer avait pris comme base de son enseignement de l'économie rurale à l'Institution agronomique de Grignon, avant la publication des Mémoires dont il est ici question, pendant les années 1838 et 1839, *les Périodes de fécondité du sol.* (*Note de l'auteur.*)

France, de formation primitive, était absolument la même que celle de formation jurassique, et que les plantes spontanées des terres siliceuses étaient sensiblement les mêmes, dans une même contrée, que celles des terrains crétacés, admet pour les plantes cultivées — car il existe des exceptions à cette règle générale pour les plantes adventices — « que l'engrais est le principal agent actif de la végétation, et que les circonstances physiques aussi bien que la nature chimique du sol n'agissent sur la végétation qu'en stimulant ou paralysant l'action de cet humus, par conséquent d'une manière indirecte ou médiate; en sorte que, si les terres siliceuses, argileuses, calcaires ou franches présentent entre elles des différences de valeur — les conditions économiques étant les mêmes — celles-ci dépendent principalement du rôle qu'elles jouent sur les engrais, aussi bien que le principal élément de valeur du sol réside presqu'en entier dans l'accumulation de cet engrais; en sorte que la valeur des terres, à diverses périodes de fertilité, n'est nullement comparable; et, comme il dépend de l'agriculteur de produire cette accumulation d'engrais, j'appelle cet élément de production, la partie agricole du sol. »

Sans vouloir pousser aussi loin que Royer les conséquences de cette observation, nous admettons volontiers cette dernière conclusion, pour autant qu'il ne s'agisse que du produit brut, de la valeur productive du sol. Dans un travail récent sur les prairies et les herbages de la Belgique (1), j'ai constaté que la composition

(1) 1859, Schnée, à Bruxelles.

botanique des herbages est à peu de chose près la même, soit qu'on les considère dans les terrains schisteux de l'Ardenne, soit qu'on les étudie dans les calcaires de la province de Liége, dans le limon hesbayen, dans les sables de la Campine, dans les alluvions de nos fleuves ou dans les polders de la Flandre occidentale; mais, ce que j'ai cru devoir faire ressortir à plusieurs reprises, c'est que les quantités respectives des différentes plantes nommées varient surtout avec la fertilité du sol, ainsi qu'avec ses caractères physiques et chimiques, tels que l'humidité, la sécheresse ou la présence de corps particuliers; c'est que les plantes prédominantes qui, en définitive, donnent l'aspect et la valeur agricoles à la prairie, puisque ce sont elles qui fournissent le produit, ne forment pas le même groupe botanique dans les prairies de Herve que dans les prairies de l'Escaut, dans celles du Furnes-Ambacht que dans celles de la vallée de la Gette. La quantité d'aliments disponibles pour les plantes est surtout ce qui modifie la valeur de ces herbages, en forçant certaines espèces à se développer et à se multiplier aux dépens des autres, qui pourtant ne disparaissent pas entièrement.

Adoptant les fourrages pour base d'évaluation de la fertilité des sols, et abstraction faite des circonstances économiques dont il s'occupe plus tard pour déterminer le produit net, Royer admet, pour chaque nature de terre, six périodes de fécondité : 1° *forestière;* 2° *pacagère;* 3° *fourragère;* 4° *céréale;* 5° *commerciale* et 6° *jardinière.*

Il ne reconnaît pas à la période de fécondité forestière, quelque économie et quelque soin qu'on apporte à la préparation des récoltes, quand on est obligé de payer tous ses serviteurs et tous ceux qui y concourent, ce qui est de stricte justice, la propriété de fournir des produits ayant une valeur suffisante, vendus au marché, pour payer les frais qu'ils ont coûtés. D'où il résulte qu'il n'y a que deux moyens d'en tirer parti : 1° en les affermant à partage de fruits ou à vil prix à un fermier très-malheureux, auquel on fait toutes les avances nécessaires et qui les exploite avec le secours de sa famille; 2° pour quelques natures de terres au moins, le propriétaire peut entreprendre l'amélioration par la conversion en bois ; ce moyen très-lent, mais sûr, est ce qui lui a fait donner à cette période le nom de forestière.

C'est là certainement le système extensif des Allemands poussé à sa dernière limite. Pour que les terres de cette période soient aussi peu productives, il faut qu'elles manquent complétement d'engrais accumulé; le pâturage doit y être à peu près nul.

La période de fécondité pacagère est caractérisée parce que les luzernes, sainfoin ou trèfle ordinaire, ne deviennent fauchables que très-exceptionnellement et sont principalement utiles par le pâturage. Dans cet état de fertilité du sol, le propriétaire ne peut encore faire valoir avec profit que les terres argileuses ou franches; souvent, un amendement calcaire suffit pour les faire passer à la période suivante. Il admet, du reste, que la culture par le propriétaire ne peut être entreprise avec succès, que quand le sol est arrivé à valoir, quelle que soit sa nature, au moins dix francs de loyer à l'hectare, quel que soit d'ailleurs le loyer payé par le fermier, puisque celui-ci peut être au-dessus ou au-dessous de ce qu'il devrait être réellement. Les terres fortes ou argileuses arriveront à valoir cette rente en période pacagère, les terres sableuses en période fourragère, tandis que les calcaires n'y arriveront qu'entre la période fourragère et la période céréale. Il reconnaît que le mélange des trois fourrages, et de plus le ray-grass, la lupuline, etc., deviennent fauchables dans les sables, lorsque ceux-ci sont dans un état de fertilité moins avancé que les autres terres.

Cette période de fécondité appartient donc toujours exclusivement aux systèmes les plus extensifs. C'est par le pâturage qu'on doit tirer parti du sol qui possède en lui-même les moyens de production d'engrais et d'amélioration.

Le caractère des terres en période de fécondité fourragère est la réussite à peu près complète de l'un des trois fourrages : luzerne, sainfoin ou trèfle, selon la nature du sol ; en sorte qu'on peut généralement le faucher et en obtenir un produit moyen à l'hectare de 300 à 400 bottes (1,500 à 2,000 kil.) au plus, sur la totalité qu'on en entretient. Ce faible produit accuse le peu de richesse des terres, ou mieux leur inégalité de fertilité, attendu que quelques-unes présentent un fourrage fauchable, tandis qu'on ne peut l'utiliser que par le pâturage sur les autres.

Pour progresser, le cultivateur doit étendre autant que possible les cultures de fourrages aux dépens des céréales, et surtout de toutes les friches et pâtures. Il doit faire pâturer toutes les places où le fourrage n'est pas fauchable, aussi bien que l'herbe des chaumes et des guérets, en sorte que la stabulation qu'on proclame, sans doute avec raison, comme la perfection agricole, serait un contre-sens évident et une cause de détérioration du sol, autant que de pertes considérables, si on essayait de l'appliquer pendant cette période, et à plus forte raison pendant les deux périodes précédentes.

En période céréale, le produit moyen des fourrages est de 3,000 à 5,000 kil. à l'hectare; il est désormais assuré; mais pour faire l'engrais qui résulte de leur consommation, il est nécessaire d'obtenir beaucoup de pailles de litière, et cette nécessité se trouvant d'accord avec ce fait que chaque hectare de fourrages, produisant désormais autant que deux précédemment, il devient inutile d'en cultiver une aussi grande étendue, dont les profits sont moins considérables que ceux de la culture des céréales; on fait prendre à celles-ci l'extension qu'on avait précédemment donnée aux fourrages sur les friches. C'est à cette extension de la culture des céréales que cette période doit son nom. Le pâturage devient nul ou presque nul; la question de la stabulation se présente dans toute sa force et doit être résolue d'après des calculs économiques et non d'une manière générale.

Il est évident que la période céréale tient le milieu entre la culture intensive et la culture extensive, qu'elle se trouve à cheval sur les deux systèmes, qu'elle n'a qu'un pas à faire pour entrer dans l'agriculture la plus riche, fournissant les plus grands produits bruts, et que toutes les questions qui se rattachent à l'agriculture perfectionnée doivent y être étudiées avec soin. Presque tout le limon hesbayen de la Belgique en est là, et, dans beaucoup de localités, la fertilité a même franchi cette période pour entrer dans la suivante, dans la commerciale.

La période commerciale commence lorsque les terres sont arrivées à un tel dégré d'amélioration, que les céréales, non-seulement ne sont plus les cultures les plus profitables, mais encore y sont exposées à verser par exubérance de végétation; le produit en paille est considérable et dépasse de beaucoup les besoins de l'exploitation aussi bien que les engrais obtenus par les fourrages, les racines, etc. Le moment de jouir complétement des avances faites au sol, en dépensant la fertilité au profit de la bourse, est alors arrivé ; c'est le moment d'introduire dans la culture ces plantes dont presque tous les produits se vendent, qui exigent beaucoup d'engrais, en rendent très-peu, par conséquent épuisent beaucoup et sont de pure spéculation, telles que le colza, le chanvre, le lin, la garance, le tabac, le cardère, le houblon, etc.

Le cultivateur doit apporter la plus grande prudence pour passer à cette période épuisante ; il doit vérifier par tous les moyens possibles, et notamment par le nombre de têtes de bétail entretenues, l'état de fertilité du sol pour ne pas se faire illusion en confondant un succès partiel de fourrages avec un succès général.

La stabulation devient ici indispensable pour ne laisser perdre aucune parcelle d'engrais. La terre a acquis une grande puissance et s'épuise très-difficilement.

La période de fécondité jardinière ne diffère en rien, agricolement, de la période commerciale, et tient exclusivement à cette circonstance économique, la *population;* insuffisante, elle nécessite la grande culture et la charrue, dont la plus parfaite vaut bien moins qu'une bêche; suffisante, au contraire, elle permet de tirer des plantes commerciales tout le profit possible; la culture à bras exclut la grande exploitation qui ne saurait lutter avantageusement contre une concurrence qui multiplie à l'infini l'industrie née de l'intérêt personnel, les soins et le travail, l'économie et les privations individuelles; outre que le petit cultivateur, comme le malheureux fermier des terres très-pauvres, qui ne risque que son travail, compte mal et achète ou loue souvent la propriété fort au delà de sa valeur.

Une bonne partie de la région sablonneuse des Flandres est exploitée dans cette période jardinière; mais les riches récoltes qu'une population exubérante et très-industrieuse tire de ce sol, sont bien plus souvent dues à un ensemble de circonstances économiques très-favorables, qu'à sa fertilité.

Ces deux dernières périodes représentent la culture intensive. L'agriculture ne laisse perdre aucune parcelle de terre, parce qu'elle a beaucoup de valeur; elle peut viser au plus grand produit brut, qui fournit aussi très-souvent le plus grand produit net, si les prix sont rémunérateurs, si les progrès de la consommation sont en rapport avec les progrès de la production.

Il y a concordance, on ne saurait le nier, entre les idées développées par l'économiste français et les praticiens allemands; mais il y a cette différence entre eux, qu'avec son esprit systématique très-ardent, Royer a posé, avec une assurance peu commune, les limites de la culture intensive et de la culture extensive, tandis que ceux-ci n'ont fait que les indiquer.

Plus tard, en 1844, au mois de juin, presque le même jour, dans des recueils agricoles différents, deux savants agronomes français entrèrent dans la même voie et fixèrent désormais les esprits sur cette importante question, en y apportant les lumières de l'expérience et des faits pratiques.

M. Rieffel, dans le 5e volume de *l'Agriculture de l'Ouest de la France* (1), publiait un remarquable mémoire intitulé : *Études économiques sur les défrichements des Landes*, où il s'élève contre la fausse direction imprimée à l'agriculture française « où le système intensif paraît le seul bon et digne d'une administration éclairée, et qu'on juge par conséquent applicable en tous lieux, comme une panacée universelle. » Il y rend justice à l'école allemande, qui depuis longtemps accorde une haute importance aux circonstances générales qui dominent le fonds de terre; circonstances

(1) Page 185, année 1844.

tellement puissantes, qu'elles décident le plus souvent de l'adoption du système d'exploitation à suivre. Si M. Rieffel avait eu à recommencer ses opérations sur un grand domaine inculte comme celui de Grand-Jouan, il ne se serait plus adressé aux règles agricoles exclusives qui avaient cours en France à cette époque ; il aurait demandé la lumière aux études économiques, il aurait traité ses terres en période forestière et pacagère, par un *système extensif;* il aurait adopté les bois et les pâturages pour base de son exploitation.

Dans le numéro de juin 1844 du *Journal d'Agriculture pratique,* M. Moll, professeur d'agriculture au Conservatoire des arts et métiers, traitait absolument le même sujet que les éminents agronomes dont nous venons d'examiner les travaux, en se servant des mêmes expressions que M. Rieffel pour exprimer les mêmes idées d'origine allemande. Voici comment M. Moll s'exprime : « Une des plus grandes erreurs qu'on ait commises en France sous le rapport agricole, a été de croire que la *bonne agriculture* n'avait qu'un type unique, n'affectait qu'un seul caractère ; *créer le plus grand produit brut possible sur une étendue donnée de terre, se rapprocher par conséquent le plus possible de la culture jardinière.* Cette opinion, qui a pris naissance dans la comparaison faite entre les jardins maraîchers et les champs, et qui a été accréditée et répandue par la plupart de nos agronomes, cette opinion a produit les plus déplorables résultats. C'est à elle principalement qu'il faut attribuer le peu de succès de tant d'entreprises agricoles faites par des hommes riches et instruits, dans les contrées arriérées de la France; c'est à elle encore qu'on doit faire remonter cette idée fausse que, pour faire de bonne agriculture, il faut de grands capitaux, de nombreux ouvriers, de belles routes.

» Envisagée dans ses rapports avec l'exploitant, l'agriculture peut présenter deux types bien distincts; il y a une agriculture qui tend à créer un grand produit brut sur une minime étendue de terre, et qui, dans ce but, accumule sur cette petite superficie une somme considérable de travail et de dépenses quelconques. Il y a une autre agriculture qui, cherchant avant tout à diminuer les frais d'exploitation, réduit le plus possible la somme de travail appliqué à la terre, et consent à n'en tirer qu'un produit brut minime, à la condition de n'y consacrer qu'une dépense plus minime encore.

» La première de ces deux agricultures était seule considérée comme bonne. La seconde était regardée comme essentiellement défectueuse. Là est l'erreur. Chacun de ces deux systèmes peut être bon ou mauvais suivant les circonstances.

» Tel est l'état arriéré de nos connaissances en matière agricole, que nous n'avons même pas d'expression pour désigner ces deux types, dans lesquels rentrent plus ou moins tous les systèmes de culture du monde. Je serai donc obligé d'employer, en les francisant tant bien que mal, les termes usités dans la langue allemande, et je nommerai le premier *système intensif*, et l'autre, *système extensif.* »

Ainsi, M. Moll, comme M. Rieffel, reconnaît l'origine allemande de cette doctrine économique et tous deux apportent l'autorité, l'un de sa parole de professeur et l'autre de sa plume de publiciste agricole pour la vulgarisation en France des principes d'une école qui avait déjà fait son chemin outre Rhin.

Plus tard encore, en 1850, M. de Gasparin, reprenant les travaux de ses prédécesseurs, mais ne se servant plus de leurs expressions, établissait, dans son *Cours d'agriculture*, sa savante classification des *systèmes de culture*, fondés sur la part plus ou moins large que l'homme prend, aidé du capital, dans l'exploitation du sol.

Ce sont ces systèmes de culture du plus grand agronome moderne que nous voudrions voir adopter comme base de tout enseignement rationnel de l'industrie agricole; aujourd'hui, on doit le reconnaître, les professeurs comme les agronomes ne reconnaissent qu'une manière de bien cultiver le froment, comme ils ne reconnaissent qu'une manière de bien entretenir les vaches laitières ou d'élever les porcs. Or, il est évident que le mode de production doit se modifier avec le système de culture, que l'on ne peut enseigner des procédés applicables à toutes les situations; les procédés de production doivent être aussi variables que les situations sont diverses, et je ferai ressortir cette vérité plus loin, en parlant de la création des prairies permanentes dans les landes, qui doivent être établies avec bien moins de frais que celles que l'on forme dans les pays riches, à agriculture vigoureuse et prospère.

L'enseignement de l'art agricole me paraît donc vicieux en ce point qu'il ne s'est pas assez mis d'accord avec l'enseignement de la science, avec l'enseignement de l'économie rurale, que trop souvent il se borne à propager des procédés destinés à fournir les plus grands produits bruts, sans s'inquiéter si les circonstances physiques, chimiques et surtout économiques, ne doivent pas les modifier profondément.

Maintenant, que nous avons suivi la filiation de cette doctrine économique dont l'origine paraît tout allemande, bien que Royer, parti d'un autre point et s'appuyant plutôt sur des observations physiologiques que sur des faits économiques, puisqu'il a pris ses périodes de fécondité pour base, ait conservé une originalité complète à son étude; il nous reste à démontrer qu'elle a été méconnue en Belgique, au moins dans nos pays de landes et de bruyères, et que l'on peut reprocher à nos agronomes améliorateurs ce que M. Moll reprochait aux agronomes français, lorsqu'il leur disait : « que c'est une grande erreur de croire que la *bonne agriculture n'avait qu'un type unique, n'affectait qu'un seul caractère : créer le plus grand produit brut possible sur une étendue donnée de terre, se rapprocher par conséquent le plus possible de la culture jardinière.* »

Est-ce bien sérieusement que l'on compare la Campine au pays de Waes? N'y aurait-il, en effet, d'autres différences qu'un peu plus ou un peu moins d'humus, de connaissances agricoles et de capital d'exploitation entre ces deux régions? Serait-il possible qu'on obtînt, avec les mêmes frais et les mêmes bénéfices, des produits identiques dans ces deux localités de la Belgique? Certes, nous voyons tous les jours des fermiers flamands entreprendre la culture de terres à peine arrivées en période pacagère, qui consentent à payer un loyer de plus de 100 francs par hectare et qui font de bonnes affaires; nous pouvons citer le Beverhoudtsveld, près de Bruges, lande de 500 hectares qui, en deux ans, d'un produit nul a passé à une rente nette et annuelle de 25,000 francs, non compris les améliorations foncières entreprises par les locataires à leurs frais, tandis que nous voyons ces mêmes cultivateurs flamands, dans la commune de Lommel, perdre leur petit capital en quelques années sur cinq hectares de terres bâties, qui leur sont concédées pour trente années avec un loyer nul pendant les cinq premières.

Affirmer, parce qu'on reconnaît des analogies entre le climat et le sol de ces régions, que l'agriculture doit y être traitée de la même manière et qu'on en obtiendra les mêmes résultats financiers, c'est soutenir qu'une puissante et riche mine de fer placée à ciel ouvert dans les montagnes de l'Oural, c'est-à-dire loin de la civilisation, éloignée des populations riches et travailleuses, des voies de communication et de l'industrie humaine, a la même valeur qu'une mine analogue placée au centre du bassin houiller du Hainaut, au milieu d'une population industrieuse et riche, de travailleurs dont la spécialité est l'exploitation des mines, dans un réseau de routes, de canaux, de chemins de fer et à proximité des débouchés les plus vastes qu'on puisse rencontrer sur le continent.

Plus on réfléchit sur cette opinion, que l'on peut traiter aujourd'hui de paradoxale, plus on est convaincu que le sol et le climat ne sont pas les deux seules conditions de succès pour la culture intensive, et que les circonstances économiques générales agissent avec énergie sur l'importance du produit net :

Qu'on ne s'y trompe pas : ce n'est pas parce que le sol sablonneux de la Flandre est arrivé à un degré de fertilité maximum, qu'il peut être traité par les industrieux flamands en *période jardinière*. Ce sol, bien souvent, n'est en quelque sorte qu'un support pour la plante ; il n'a qu'une valeur passive. C'est ainsi que nous pouvons obtenir chaque année avec profit des récoltes de 60,000 à 80,000 kilogrammes de betteraves par hectare, sur des terres en fécondité pacagère qui, laissées en friche, se couvriraient à peine de quelques pieds de spergule, parce que nous leur appliquons des engrais actifs et appropriés en suffisante quantité ; mais, disons-le tout de suite, ce qui constitue nos profits, ce sont les hauts prix auxquels les denrées arrivent, tout autant que nos abondantes récoltes et les faibles prix de revient. Ces hauts prix sont dus au milieu économique, tandis que les grands produits bruts sont dus aux influences physiques, chimiques et physiologiques, ainsi qu'à l'industrie des producteurs.

Quel est donc ce milieu qui permet dans les Flandres ce qui est interdit dans la Campine? En premier lieu, il y a la population. Le Flamand a le génie de l'agriculture ; dans aucun pays on ne trouvera des cultivateurs aussi soigneux, sachant aussi bien tirer parti des circonstances locales et étudier les besoins du marché ; il utilise tout ; le sol est cultivé jusqu'à son extrême limite, il lui mesure l'engrais avec une savante connaissance de ses besoins ; nul n'est plus adroit que lui pour manier les instruments de labourage, et, dans aucune contrée, la culture des plantes n'est plus variée ni mieux entendue. Où trouver une agriculture qui, sur quelques hectares de terre, produise avec un égal succès le lin, le chanvre, le tabac, le houblon, le colza, l'œillette, la pomme de terre, les racines diverses, les fourrages herbacés, les céréales? Tous les paysans flamands sont cultivateurs, et s'il s'agit d'introduire une culture nouvelle dans une exploitation, le chef ne doit pas commencer par initier ses hommes à un travail nouveau ; il a sous la main des ouvriers qui sont aptes à tous les services de la culture. Non-seulement le cultivateur a sous la main des aides soumis et habiles, qui enlèvent, en deux coups de leur excellente bêche, une brouettée de terre et auxquels aucun travail ne répugne, pas même celui du maniement des vidanges et des pourritures de toutes sortes, mais encore il n'a que l'embarras du choix. Un hectare de terre nourrit trois âmes et plus dans l'arrondissement de Saint-Nicolas, malgré l'énorme quantité de produits de la culture qui sont exportés, tandis que l'arrondissement de Turnhout, par exemple, compte à peine neuf dixièmes d'âme par hectare pour une exportation presque nulle.

A part le génie agricole, que l'on ne saurait contester

à la Flandre, on conviendra que c'est un immense avantage pour le producteur d'être entouré d'une population aussi dense dont les besoins sont immenses. Malthus a dit : « *A côté d'un pain, il naît un homme.* » Cela doit être vrai ; la production doit favoriser la multiplication de l'espèce humaine, mais il n'est pas moins vrai que l'on peut retourner cette proposition. Le besoin rend inventif, les populations nombreuses accumulées sur un petit territoire doivent être industrieuses ou émigrer ; on sait que le Flamand tient à sa patrie, il doit donc produire en raison de ses besoins. Tout le monde a lu le livre de M. de Lavergne sur l'agriculture de l'Angleterre, où il démontre que les vastes débouchés offerts par les grands centres manufacturiers du Royaume-Uni, ont eu une si grande influence sur l'agriculture des comtés avoisinants. Les mêmes faits produisent les mêmes conséquences partout ; l'agriculture se développe en même temps que la richesse publique ; avec une population qui s'accroît, une industrie et un commerce qui prospèrent, la culture doit devenir de plus en plus intensive. La demande fait augmenter l'offre, la consommation encourage la production.

Les industries de la dentelle, des toiles de chanvre et de lin, les distilleries, les amidonneries, les brasseries nombreuses, les huileries, dont les matières premières sont fournies par l'agriculture locale, un commerce qui s'étend partout et qui cherche des débouchés dans tous les recoins du pays aussi bien qu'à l'étranger, des villes manufacturières qu'il faut approvisionner, qui sont peu éloignées des centres agricoles, auxquels elles sont reliées par des voies faciles, tout cela a contribué et contribue de plus en plus à développer l'agriculture flamande et à la pousser vers les systèmes les plus intensifs.

Le trait caractéristique de cette agriculture, c'est bien certainement la multiplicité de ses productions ; mais aussi, comme le fermier est secondé dans son œuvre, comme le sol se prête à tous les travaux nombreux de la culture industrielle, comme ses ouvriers sont patients et quelle facilité pour débiter ses produits, n'importe sous quelle forme il les obtient ! S'agit-il du lin, il le vend sur pied avec la graine ou sans la graine ; il le vend arraché, il le vend roui, il le vend sec, teillé, peigné ou en fil, en toile ou en dentelle. S'agit-il du tabac, il y a des manufactures dans tous les bourgs. S'agit-il du colza, de l'œillette, de la navette, de la graine de lin ou de chanvre, de la cameline, les moulins sont à deux pas et les marchés dans tous les villages. Jamais le cultivateur n'est embarrassé d'un produit ; il a dix acheteurs pour un ; les négociants vont de porte en porte à toutes les époques de l'année ; tantôt c'est pour le lin, tantôt pour le tabac, tantôt pour le houblon, tantôt pour les animaux maigres ou engraissés ; l'industrie est partout, ses enseignes resplendissent sur toutes les habitations.

Cette variété des produits contribue ordinairement à augmenter les profits du cultivateur ; elle régularise en tous cas les revenus de la ferme, par cette raison qu'il est rare que tous les produits manquent à la fois, et que l'homme qui partage les chances contraires entre dix cultures, s'expose moins que celui qui porte toutes ses forces sur une seule plante. Si le fermier des grandes propriétés du pays wallon réalise parfois de grands gains dans les temps de cherté et de crise alimentaire, le fermier flamand ressent moins que lui, dans les années d'abondance, les pertes provoquées par l'avilissement du prix des denrées.

La population et les débouchés ne sont pas les seules causes de cette prospérité agricole. Les villes et les campagnes font un immense commerce d'engrais, qui aide à maintenir le sol au niveau de ses rendements. Les villes fournissent les vidanges humaines, les débris de fabrique, les cendres de foyer, la suie de cheminée, les boues de rue, les fumiers d'étables et d'écuries ; les campagnes fournissent les cendres du nord et de feuilles de pin ; les usines fournissent les débris d'amidonnerie, les tourteaux, le noir animal, les chiffons ; le commerce fournit le guano, les cendres de Hollande, le phosphate de chaux et des poudres très-variées de nature et de composition.

C'est à l'aide de ces matières fertilisantes que le Flamand peut demander à ce sol, si pauvre par lui-même, les magnifiques produits qu'il en obtient. Il n'est pas rare de voir dans un hameau trois ou quatre marchands d'engrais qui tous font des affaires, et nous connaissons des fermiers qui n'entretiennent pas une seule tête de bétail ; tout l'engrais dont ils ont besoin est acheté et toutes les parcelles du sol sont emblavées en récolte de vente. C'est là certainement l'idéal de la culture intensive ;

point n'est nécessaire de cultiver des fourrages ni d'entretenir des bestiaux qui occasionnent plus de pertes que de bénéfices; toute l'attention, tous les soins, tout le travail intellectuel et matériel sont reportés sur les denrées commerciales. Le producteur travaille l'œil dirigé vers le marché; il lui prépare du froment, du seigle, du lin, du colza, du tabac, du houblon, etc. Pour lui, il n'y a pas de mauvaises terres; dès que les denrées sont arrivées à leur valeur moyenne, il entreprend la culture intensive sur des sols en période forestière, qui ailleurs seraient abandonnés et livrés au gibier. C'est ainsi que s'expliquent les défrichements de bruyère en pleine Flandre, où le loyer atteint d'emblée au niveau du loyer des bonnes terres.

Cette nécessité de produire pour nourrir une nombreuse famille fait faire des prodiges au petit cultivateur; on ne se fait pas une idée exacte, dans les pays de grande culture, du cube de terre qu'une famille de cinq ou six personnes remue dans une année, pour trouver sa subsistance sur le plus petit espace possible.

La facilité des transports vient s'ajouter au commerce des engrais pour favoriser l'industrie rurale. Pays de plaines uniformément horizontales, il est coupé par des routes, des canaux, des voies ferrées qui facilitent les transactions du cultivateur, aussi bien pour les apports d'engrais et de matières premières que pour la vente des produits. Sur les routes macadamisées ou pavées, une vache entraîne facilement une charge de 800 à 1,000 kilogrammes placée sur un tombereau, et deux chevaux peuvent transporter 5,000 kilogrammes sur un chariot à quatre roues à une distance de 40 kilomètres dans une journée. Comparé avec celui des autres pays, le prix du transport est moins élevé dans les Flandres que partout ailleurs en Belgique. C'est là un avantage qu'il est utile de faire remarquer, lorsque l'agriculture prend les allures de l'industrie manufacturière, par le nombre et l'importance de ses échanges.

Telles sont les ressources de cette Flandre que l'on compare à la Campine, triste solitude perdue à l'extrémité d'un pays civilisé, où l'on fait vingt kilomètres sur la lande rase, entre ciel et bruyère, sans rencontrer ni chaumière ni âme qui vive; où la population est aussi rare que les champs de seigle, et où les travailleurs, comme tous les landais, aiment à vivre dans une douce oisiveté, soit parce qu'ils ont peu de besoins ou qu'ils trouvent la terre trop basse, soit que, comme me disait avec naïveté un chef ouvrier dans une grande exploitation de l'Ardenne, « *ils aiment bien la tranquillité.* » C'est là que l'on voit s'introduire la culture intensive avec des ouvriers malhabiles et peu actifs, qu'il faut d'abord dresser à tous les travaux, si mieux l'on n'aime faire venir des colons flamands pour les exécuter; où les engrais doivent venir d'Anvers ou de Liége, par le canal, c'est vrai, mais qui coûtent toujours cher, parce qu'ils viennent de loin et qu'il faut les renouveler tous les ans, car c'est le plus souvent la culture flamande avec apport d'engrais extérieur, comme dans le pays de Waes, que l'on transporte là avec toutes ses pratiques;

pays où le commerce est nul et où les habitants ont peu de besoins, où le cultivateur doit se créer des débouchés au loin pour tous ses produits, et où des routes impossibles, dans le sable mouvant, apportent un obstacle invincible à la circulation, tout en éloignant les débouchés.

Le sol et le climat ont beau être identiques dans la Campine et dans la Flandre, ce qui n'est d'ailleurs pas absolument vrai ; dès que le milieu économique diffère, il n'y a pas possibilité d'adopter les mêmes systèmes de culture. Je ne doute pas qu'on obtienne de très-beau lin, de beau chanvre, de beau tabac, de beau houblon, de belles betteraves et de beaux rutabagas, puisqu'on en obtient dans de plus mauvais sols en Flandre. La question n'est pas là ; il est évident que toutes ces belles choses coûteront plus à produire que dans la Flandre, et que de plus elles se vendront moins bien.

Toutefois, la question de bénéfice n'est pas la seule qui doive être agitée dans les défrichements de bruyère ; il y a un autre but que le défricheur doit poursuivre avec énergie : c'est celui de l'amélioration du sol, de son passage des périodes forestière et pacagère aux périodes de fécondité plus avancées. Or, en adoptant les cultures industrielles et commerciales, le lin, le houblon, le tabac, il est certain qu'on ne poursuit pas ce but ; ces plantes sont épuisantes au maximum ; elles ne créent pas un atome d'engrais, loin de là, elles épuisent le peu de richesse accumulée dans la terre par une végétation spontanée antérieure ; elles obligent le cultivateur à accroître sans cesse ses apports d'engrais; au lieu de créer la fertilité, elles créent la misère et le renchérissement des matières fertilisantes. En bonne économie, et pour cette seule raison, s'il n'y en avait pas d'autres, elles devraient être proscrites de l'assolement. On ne doit pas oublier que ces plantes sont celles qui exigent le plus de main-d'œuvre et d'habileté, et qu'à raison des dépenses qu'elles occasionnent de ce chef, elles veulent venir en terres parfaitement fumées ou très-fertiles pour donner un fort rendement. En dehors de ces conditions, elles n'occasionnent que des pertes qui sont rendues plus sensibles par les fortes variations que l'on observe sur leurs prix. Les adopter, c'est forcément introduire dans le pays la culture par les moyens artificiels, par le travail de l'homme et les engrais importés, c'est introduire la culture par le capital le plus élevé que l'on puisse employer dans l'agriculture.

Si cette comparaison des deux localités et les réflexions qu'elle nous a suggérées tendent à prouver que le système de culture flamand, basé sur le travail et les engrais achetés, et qui s'applique particulièrement à produire des récoltes pour le marché, ne convient pas à la Campine, il nous reste à examiner le système intensif basé sur la production des fourrages-racines et l'entretien du bétail à l'étable; en d'autres termes, ce système qui a pour but de créer la fertilité par une fabrication abondante d'engrais sur place.

Pour que la culture intensive avec production abondante d'engrais sur place soit possible, c'est-à-dire lucrative, car le gain est le *criterium* de tout système de culture, l'existence de plusieurs conditions doit être prouvée; il faut : que le sol ait de l'aptitude à produire des fourrages et particulièrement les fourrages améliorants en suffisante quantité; que les produits animaux aient un écoulement avantageux; enfin, que les effets d'une quantité donnée d'engrais soient tels, que l'excédant de récolte qu'elle provoque ait une valeur supérieure à son prix de revient.

Avant tout, disons que toute culture, même celle qui commence sur un défrichement, doit payer ses frais plus un bénéfice, sans quoi elle est mauvaise, elle est anti-économique. Il ne faut pas qu'un défricheur puisse dire: je fais la culture des trèfles et des betteraves sur cette terre, ces plantes ne payent pas leurs frais, mais comme elles vont me fournir beaucoup de fumier après leur consommation, je parviendrai à améliorer le sol qui plus tard répondra à mes soins et à mes dépenses; en d'autres termes, ce que je perds maintenant, je le regagnerai dans quelques années; le capital dépensé s'ajoutera à la valeur du fonds. Ce raisonnement, fût-il vrai, ne serait pas admissible, et l'on doit soutenir qu'un capital agricole n'est bien employé que lorsqu'il sert son intérêt plus un dividende, et qu'il est d'autant mieux employé que ce dividende est plus élevé. Nous admettons qu'on fasse des avances successives au sol et qu'on tâche d'accumuler ces avances, sans quoi il ne passerait jamais aux périodes supérieures de fécondité; mais jamais on ne doit vouloir obtenir cette augmentation de fertilité en se mettant en perte, en mettant en quelque sorte en oubli les frais primitifs; les avances, même celles que l'on présume devoir agir favorablement sur la fertilité, doivent rapporter leur intérêt annuel tout en provoquant le résultat désiré. Si, dans le fermage, on agissait contrairement à ce principe, on pourrait se demander où le fermier prendrait ses moyens d'existence. Au reste, quand on achète une terre, fût-elle en période forestière, c'est qu'elle donne ou peut donner un service, une rente. L'économie nous apprend qu'il faut non-seulement conserver cette rente, mais encore viser à la faire augmenter.

L'aptitude des sables campinois pour la production fourragère est connue, elle existe; elle est favorisée par la fraîcheur du sol et du climat; mais comme, après le défrichement, le sol est maigre, on ne peut y espérer des récoltes fauchables sans engrais et surtout sans engrais actifs, facilement solubles et pouvant être placés promptement à la disposition des plantes. Le trèfle ordinaire y reste clair, même avec fumure moyenne; il ne s'épaissit et ne s'élève pas assez pour être fauché partout. Les graminées viennent mieux, surtout l'ivraie d'Italie, *Lolium Italicum Braun;* l'ivraie vivace, *Lolium perenne* L. s'y multiplie aisément, ainsi que la houque laineuse, la phléole des prés, la crételle des prés, le dactyle pelotonné et plusieurs autres; la spergule, la serradelle, le trèfle blanc, les lotiers corniculé et velu, la lupuline y réussissent parfaitement; il en est de même des lupins jaune et bleu. Quant aux plantes-racines, navet, rutabaga, carotte, betterave, etc., elles peuvent fournir des récoltes aussi productives que dans les meilleures terres des Flandres, à condition qu'elles soient traitées avec tous les soins qui leur sont dus. C'est le cas de rappeler ici que les fourrages-racines n'acceptent pas de demi-mesures ; il leur faut pleine et entière satisfaction sous le rapport du travail et de l'engrais ; ils peuvent être comparés aux plantes industrielles ; dans une terre maigre ou médiocrement fumée, ils ne remboursent pas les frais, quels que soient le mode de culture et les soins qu'on leur applique ; dans une terre riche ou fortement engraissée, ils donnent de pauvres récoltes, si leur culture n'est pas faite avec intelligence et habileté en temps opportun.

Dans la Campine, la terre est tout au plus en période pacagère ; il faudrait fortement l'engraisser avec des engrais actifs pour les racines ; les bras sont rares, les ouvriers ne sont pas habitués aux cultures sarclées, le travail sera cher. En tous cas, cette culture ne pourra s'effectuer que sur une bien petite surface dans un grand domaine nouvellement défriché, et ces racines seront mal payées par un bétail vulgaire, habitué à pâturer sur des herbages maigres.

Le désir de montrer aux visiteurs de beaux parcs de racines fait commettre quelquefois d'étranges erreurs aux propriétaires ; nous nous rappelons avoir vu dans les landes un cultivateur qui avait une centaine d'hectares de prairies naturelles, et qui vendait son foin sous prétexte qu'il faut bien faire de l'argent de l'un ou l'autre produit, tandis qu'il essayait la culture de la betterave sur une prairie défrichée, et qu'il ne parvenait pas à en obtenir 10,000 kilogr. à l'hectare, malgré des labours répétés, des binages et une fumure moyenne.

Ainsi ces terres, quoiqu'ayant l'aptitude voulue pour la production des fourrages, ne sont pas assez fertiles pour donner des récoltes fauchables, et les plantes-racines appartiennent à des périodes de fécondité plus avancées ; elles ne peuvent fournir qu'un pâturage, et l'entretien du bétail en stabulation devient par là impossible, à moins de faire de grands achats d'engrais pour fumer copieusement toutes les terres.

Pour ce qui concerne le bétail, les conditions de la Campine ne sont guère plus mauvaises que celles de beaucoup d'autres localités belges, en faisant cette restriction qu'il doit être en rapport avec la qualité de la nourriture qu'on lui livre.

Comme c'est par le bétail qu'on doit progresser dans les landes, n'importe quel système de culture on adopte, nous croyons devoir dire un mot de l'influence qu'il exerce sur l'ensemble de l'exploitation d'un domaine.

Très-souvent on dit : *le bétail est un mal nécessaire;* cette proposition ne devient une vérité que dans la culture arable, parce que là, les animaux sont un moyen de culture, qu'on les tient uniquement dans le but de se procurer le supplément de fumure nécessaire au sol, pour continuer la production ; elle est fausse dans la culture pastorale, parce que là les animaux sont le but de l'exploitation et que tous les profits viennent d'eux.

Cependant, dans la culture arable, on remarque généralement qu'en augmentant le nombre des animaux de rente et en les nourrissant mieux, le mal, au lieu d'empirer, au lieu d'augmenter de plus en plus le déficit dans la caisse du cultivateur, semble s'arrêter, et que de nouvelles sources de bénéfices surgissent. Cette amélioration financière ne réside pas positivement dans le bétail, mais bien dans le fumier, qui en est un des résultats, et dans les effets que celui-ci produit sur la culture en général. Il est à remarquer que le bétail, n'étant qu'une des spéculations de la ferme, n'agit pas toujours de la même manière sur le résultat final, lorsqu'il est en petit nombre et qu'il donne peu de fumier, que lorsqu'il est nombreux et qu'il en donne beaucoup. Pour fixer les idées, prenons un exemple, et voyons ce qui se passe dans une exploitation dont les animaux de rente s'accroissent de telle sorte que le fumier produit dans une année a doublé de poids.

Supposons une ferme de cent hectares, dont trente sont en culture arable et soixante-dix en prairies et friches. Le bétail se compose de 30 têtes de vaches laitières fournissant 300,000 kilogr. de fumier disponible pour les terres, de sorte que chaque hectare en reçoit 10,000 kilogr. et rend l'équivalent de dix hectolitres de froment du poids de 80 kilogr. annuellement, ce qui fait que chaque quintal métrique de fumier fournit l'équivalent de 8 kilogr. de froment. De plus, la comptabilité accuse une perte de 600 fr. sur la vacherie ou 20 fr. par tête. Après quelques années d'efforts, après avoir mis en pâtures ses friches, après avoir amélioré ses prairies naturelles et artificielles par quelques achats d'engrais, le cultivateur parvient à doubler l'effectif de son bétail, qui est porté à 60 têtes fournissant le double de fumier disponible pour les terres arables, soit 600,000 kilogr. La fumure pourra dès lors s'élever à 20,000 kilogr. par hectare ; nous admettons que le rapport du fumier au grain produit est resté le même, ce qui n'est pas exact : il aura plutôt augmenté; il était de 8 kilogr. de froment par quintal de fumier dans le premier cas, le cultivateur obtenait 10 hectolitres de froment ou leur équivalent, pour 10,000 kilogr. d'engrais; la fumure étant portée à 20,000 kilogr., il récoltera le double ou 20 hectolitres par hectare. La perte sur le bétail est restée dans la même proportion, 20 fr. par tête, soit 1,200 fr. pour 60 têtes, il y a augmentation de perte de 600 fr. sur ce chapitre. Si nous balançons, nous trouvons : 1° augmentation de perte, 600 fr. sur les vaches laitières; 2° augmentation de bénéfices 30 hectares multipliant 10 hectolitres de froment à 20 fr. l'hectolitre, soit 6,000 fr.

Par ses améliorations culturales, le cultivateur a vu s'accroître les bénéfices sur la culture d'une somme de 6,000 fr., tandis que pendant le même temps, la perte sur les animaux s'est accrue de 600 fr. Le résultat final est une augmentation de profits de 5,400 fr. par an.

C'est ainsi que s'explique l'influence heureuse du bétail sur l'ensemble de l'exploitation. Quoique opération mauvaise par elle-même, la tenue des animaux de rente agissant sur la fertilité du sol fait jaillir de nouvelles sources de richesses des autres spéculations entreprises sur le domaine.

L'agriculture moderne a parfaitement saisi la solidarité qui existe entre les bestiaux et les cultures ; aussi tâche-t-elle, par tous les moyens qui sont en son pouvoir, d'améliorer les races et d'en faire des consommateurs reproductifs des fourrages de la ferme, d'arriver enfin à en obtenir des produits dont la valeur couvre toutes les dépenses qu'ils occasionnent, et de faire ainsi disparaître le déficit qui apparaît dans presque toutes les comptabilités agricoles au chapitre *Bêtes de rente*.

Dans les systèmes qui font progresser la culture par les fortes fumures, la comptabilité rurale doit surtout s'attacher à mettre en évidence le prix de revient du fumier, aussi bien que celui des fourrages. Le prix de revient s'obtient, pour les fumiers, en retranchant de la somme de toutes les dépenses portées au débit du compte des animaux, la somme des produits autres que le fumier, portés au crédit du même compte. Dans des exploitations très-avancées, on trouve que le prix de revient du quintal métrique est de 0 fr. 75 cent. ; dans d'autres, il s'élève jusqu'à 1 fr. 50 cent. ; ces différences sont dues à ce que les spéculations sur le bétail sont plus ou moins bien entendues, et souvent aussi au prix de revient des fourrages. Dans la position qui nous occupe, en Campine, la main-d'œuvre étant chère, les frais portés au débit des bêtes de rente seront très-élevés, si on veut les nourrir en stabulation avec des graines, des tourteaux et des racines, qui représentent une grande somme de travail ; ils seront plus faibles si le bétail est nourri au pâturage, s'il trouve sa nourriture sur une grande surface de terre dont le loyer est minime. Dans le premier cas, le prix de revient du fumier sera beaucoup supérieur à celui du second; il est vrai qu'on en aura beaucoup moins de disponible pour les terres arables, puisque pendant le pâturage on ne pourra le recueillir. D'autre part, si ce fumier, qui revient cher, est appliqué sur des terres pauvres en période forestière et pacagère, l'excédant de récolte qui en proviendra ne couvrira pas la dépense qui aura été faite pour l'obtenir, et le cultivateur, au lieu de progresser par de fortes fumures, comme dans l'exemple que nous avons pris précédemment, s'endettera de plus en plus.

C'est qu'en effet le quintal métrique de fumier ne produit pas le même effet sur les récoltes dans toutes les terres. Dans les terres très-pauvres, en période forestière, cet effet est à son minimum ; il s'élève quelquefois à trois kilogrammes de froment par quintal métrique de fumier, tandis que dans les terres riches, en période commerciale, l'effet s'élève jusqu'à 15 et 16 kilogrammes de froment pour la même quantité. Dans nos expériences faites à Thourout, des terres nous donnent 10 à 12 kil. de froment par quintal, tandis que d'autres ne nous en donnent que 5. Ce phénomène s'explique parfaitement : dans les terres riches, la fertilité acquise du sol, sa vieille force, comme l'appelle Schwertz, vient s'ajouter à l'effet de la fumure nouvelle, qui exige un temps plus ou moins long, suivant l'état de la saison et la nature du sol, pour se décomposer et devenir assimilable pour les plantes. Les terres pauvres étant privées de cette vieille force, ne peuvent offrir aux végétaux cultivés que les éléments de la fumure nouvelle qui deviennent seulement disponibles peu à peu, et ne peuvent être absorbés complétement qu'après plusieurs années de culture; la fumure doit donc se partager entre plusieurs récoltes, et c'est ce qui explique le médiocre effet de l'engrais dans les sols maigres.

Le fumier frais se conserve beaucoup plus longtemps, il est vrai, dans les terres fortes, argileuses, que dans les sables; une humidité chaude peut encore activer cette décomposition. Il nous arrive très-fréquemment, dans ces dernières terres, de voir disparaître complétement, au moins à l'œil, de copieuses fumures pailleuses dans une seule saison, lorsque celle-ci n'est pas trop sèche; mais toujours est-il que, même dans ce cas, les fumures pailleuses se partagent entre plusieurs récoltes.

C'est en suite de cette observation, constatée dans toutes les comptabilités bien tenues et par tous les cultivateurs landais, que l'on est dans l'habitude, dans les pays de landes, de ne fournir le fumier au sol que quand il est en quelque sorte réduit en terreau par sa décomposition en tas ; c'est dans les landes du centre et de l'ouest de la France surtout, que nous avons trouvé cette pratique poussée à l'excès; elle se comprend : plus le fumier est décomposé, plus il agit promptement, plus on peut en obtenir la première année de bonnes récoltes, dans une terre privée d'engrais antérieurs. Les cultivateurs de la Campine et de l'Ardenne appliquent aussi leur fumier à la terre dans un état de décomposition assez avancé, mais le Campinois est secondé dans cette pratique par l'heureuse construction de ses étables, qui lui permettent de laisser les litières accumulées sous les animaux pendant plusieurs mois, jusqu'à ce qu'elles soient conduites aux champs.

Indépendamment des litières très-décomposées et réduites en terreau, on observe encore que certains engrais peuvent exercer presque toute l'action dont ils sont susceptibles en quelques mois, dans une seule saison; tels sont : la suie de cheminée, les tourteaux, la poudrette, le sang, le guano, le purin, la gadoue et les engrais liquides en général. Avec ces engrais, appliqués seuls ou en supplément des fumiers de ferme, on obtient, dans les sables maigres, des récoltes aussi belles que dans les terres les plus riches, et c'est avec le concours de ces agents énergiques, particulièrement du guano, du purin et de la gadoue, que nous obtenons des récoltes de 80,000 kilogrammes de betteraves à l'hectare dans des terres sablonneuses en période pacagère, et que les Flamands cultivent les mauvaises friches du Beverhoudtsveld et du Vrygeweid, pour lesquelles ils payent jusque 100 fr. et plus de loyer à l'hectare; mais n'oublions pas qu'il s'agit ici de la Flandre et non de la Campine, et que les frais de fumure ne sont pas les seuls que les récoltes aient à supporter.

Les défricheurs se font souvent illusion sur le prix du travail agricole, en ne tenant compte que du prix de la journée de main-d'œuvre, qui n'est qu'un des éléments constituant le prix réel du travail. Le salaire du journalier ne doit pas être perdu de vue, cela est évident; ainsi, dans la Campine, il y a une différence d'environ 14 centimes au moins sur le prix de la journée, comparé à celui qui est payé dans la Flandre, mais la vérité n'est pas dans ces chiffres. La force des ouvriers, leur habileté dans les différents travaux de la ferme, l'habitude d'être bien dirigés, les instruments dont ils s'aident, viennent singulièrement modifier les résultats constatés. Dans cette question, ce n'est pas le prix de la journée qu'il faut envisager, mais la quantité et la qualité du travail livré pour une somme donnée, pour un franc par exemple.

La plupart des défricheurs de la Campine ont si bien compris la position défavorable dans laquelle ils se trouvent par rapport à la main-d'œuvre, qu'ils ont fait venir des ouvriers étrangers pour les travaux les plus importants, et, si nous sommes bien informés, ce sont des ouvriers étrangers qui ont effectué les grands travaux publics et privés de ce pays, tels que les canaux, les chemins de fer et les irrigations. Si l'on préfère introduire des étrangers, qui sont toujours plus exigeants que les indigènes, c'est qu'on leur a reconnu une supériorité évidente sur ceux-ci; c'est que l'ouvrier des environs de Gand ou de Termonde est plus robuste que le Campinois, qu'il est moins apathique, qu'il est rompu à tous les services d'une culture très-intensive, et que l'effet utile de sa force est augmenté par l'habitude du travail et par son aptitude particulière pour l'agriculture; c'est qu'enfin il est muni de sa précieuse bêche, instrument si bien approprié aux terres légères et avec lequel il remue, dans le limon de l'Escaut, de 40 à 75 mètres cubes de terre par jour dans l'opération du défoncement pour la culture du chanvre.

Qu'on ne s'y trompe pas : il est dangereux, tant que les populations n'y sont pas habituées, d'introduire des cultures qui exigent beaucoup de main-d'œuvre et surtout de la main-d'œuvre intelligente. Nous avons rencontré des situations en Belgique, en bon sol, où le travail employé pour sarcler un hectare de carottes semées à la volée, coûtait plus que la récolte ne pouvait être vendue. Le mal est aggravé chaque fois que la terre n'est pas riche. Un travail cher ne peut être payé que par d'abondantes récoltes, et celles-ci ne peuvent s'obtenir dans des terres maigres ou médiocrement fumées. Comme l'a judicieusement observé M. Moll, le travail fait valoir l'engrais et, réciproquement, l'engrais fait valoir le travail. Ce serait en vain qu'on labourerait le sol à la perfection, qu'on donnerait des binages et des sarclages aux plantes; si en même temps on ne leur a donné une entière satisfaction sous le rapport de la nourriture, leur produit sera faible ou nul, et les dépenses ne seront pas couvertes par les recettes. Le travail ne commence à être payé que lorsque la fertilité est en période fourragère et s'avance vers la période suivante. Nous reconnaissons cependant que l'emploi des engrais très-actifs, promptement solubles et assimilables, comme le fumier à l'état de terreau, le guano, les tourteaux, la gadoue et les purins en général, permettent d'obtenir de bonnes récoltes dans les sols maigres, et que c'est là un fait dont on peut s'aider pour progresser.

En résumé, pour adopter le système intensif et les fortes fumures obtenues sur place, le prix de revient du fumier doit être modique, mais il ne peut avoir ce caractère si les bestiaux sont nourris avec des fourrages qui exigent beaucoup de main-d'œuvre, dans un pays où elle est chère par rapport à la valeur locative du sol, et cela d'autant moins, que les engrais produisent peu d'effets sur les récoltes dans des terres très-pauvres. Que, s'il en est ainsi, si les engrais coûtent cher à fabriquer et produisent le minimum d'effet, le surcroît de récolte obtenu par leur concours n'est pas suffisant pour payer leur prix de revient. Toutefois, si le cultivateur adopte ce système et s'il y persévère, il est certain qu'il finira par obtenir la fécondité, mais il ne l'obtiendra qu'en se faisant en quelque sorte faillite des premiers frais, qui ne lui auront pas fourni les résultats que tout placement judicieux, fait sur le sol, doit présenter. A ce prix, la fécondité, quand elle s'obtient, se paye plus qu'elle ne vaut, mais ordinairement la ruine vient arrêter l'améliorateur dans ses opérations. Nous allons bientôt prouver que le fumier obtenu à haut prix, n'est pas remboursé dans la Campine.

Des considérations qui précèdent, nous concluons que le défricheur de la Campine doit écarter tous les moyens d'amélioration basés sur le travail et les grands capitaux. Il exclura la stabulation permanente et la culture des plantes-racines, tout aussi bien que celle des plantes industrielles, pour viser à obtenir des fourrages plus modestes.

Dans quel but le défricheur voudrait-il obtenir sur un hectare ce qu'il peut obtenir à meilleur marché sur quatre? Est-ce par la culture intensive et la stabulation permanente que les Russes de la Baltique et de la mer Noire viennent nous faire concurrence sur nos marchés avec leur beau blé? Le sol n'a ici qu'une valeur foncière de cinquante à deux cents francs l'hectare, et son loyer vient à peine grever la production de un à cinq francs; évidemment il y a tout avantage à cultiver une grande surface avec un faible capital-travail, tandis qu'on utilisera toutes les ressources extérieures en engrais qu'on pourra se procurer à bon marché.

Veut-on être édifié sur la valeur de la culture par le travail et l'engrais acheté, dans ces maigres terres? on n'a qu'à exminer les résultats obtenus par M. le b. de S..... sur des défrichements qu'il voulait convertir en prairies et qu'il a cultivés pendant trois ans :

| | | CRÉDIT. | DÉBIT. |
|---|---|---|---|
| **Première année.** | | | |
| 100 mètres cubes de boue de Liége. . . . . . . . fr. | 400 | | |
| Plantes de pommes de terre. . . . . . . . . . . . . . . | 150 | » | 550 |
| Produit : 6,000 kil. de pommes de terre à 7 fr. 50 c. . | | 450 | » |
| **Deuxième année.** | | | |
| 25 mètres cubes de boue de ville. . . . . . . . . . fr. | 100 | | |
| Semence de seigle et semis . . . . . . . . . . . . . . . | 60 | » | 160 |
| Produit : 50 mesures de seigle à 4 fr. . . . . . . . . | | 200 | |
| A reporter. . . | | 650 | 710 |

| | | CRÉDIT. | DÉBIT. |
|---|---|---|---|
| Report. . . | | 650 | 710 |

**Troisième année.**

| | | CRÉDIT. | DÉBIT. |
|---|---|---|---|
| 60 mètres cubes de boue de ville. . . . . . . . . . fr. | 240 | | |
| Semence d'avoine et semis . . . . . . . . . . . . . . . | 60 | » | 300 |
| Produit : 80 mesures d'avoine à 3 fr. . . . . . . . . . . | | 240 | |
| Balance pour solde . . . . . . . . . . . . . . . . . . . | | 120 | |
| Totaux. . . . | | 1,010 | 1,010 |

Ainsi, après trois années de culture et de fortes fumures d'engrais acheté, en ne portant au débit du compte que l'engrais et la semence, nous devons balancer par 120 fr. de perte. Que deviendrait le déficit, si nous portions au débit de la culture le loyer du terrain, le travail du sol, les labours de préparation et d'enfouissement du fumier, les roulages, hersages, semailles, les frais de récolte, de battage, d'emmagasinage, les frais d'arrachage des pommes de terre ; la conduite des denrées au marché ; l'intérêt des capitaux engagés ; les frais généraux d'exploitation, etc. Le déficit s'élèverait à plus de 200 fr. par hectare et par an.

Nous pourrions multiplier les exemples, car ils abondent ; nous pensons que celui-là suffit. Voilà ce que l'on propose et ce que l'on exécute dans la Campine, et cependant, ces résultats seraient de belles moyennes dans les bonnes terres du Brabant, tandis qu'ici le sol est pour rien et la journée de travail moins chère que partout ailleurs en Belgique ; mais c'est là précisément ce qui fait illusion et ce qui fait tant de victimes.

En continuant une culture semblable pendant dix ans, l'hectare de terre reviendrait au défricheur à 3,000 fr. Peut être alors le domaine serait-il amélioré, mais à coup sûr l'amélioration serait payée plusieurs fois sa valeur, et il aurait été privé de ses revenus pendant tout ce temps.

Répudions donc les travaux et toutes les dépenses qui ne sont pas remboursés par des récoltes; traitons ces terres en période forestière et pacagère d'après les principes de Royer et des Allemands; semons des sapinières sur les parties hautes et sèches; formons des pacages, des pâturages et des prairies dans les parties basses ou plus fraîches, là où croit particulièrement la bruyère à tête (*Erica tetralix* L). Aidons-nous, pour ces dernières, de la ressource des engrais extérieurs, si nous pouvons nous en procurer facilement, pour qu'elles entrent plus promptement en période fourragère et céréale, et travaillons, si on le désire absolument, quelques hectares choisis au centre de la propriété, par un système plus intensif où nous introduirons les prairies artificielles et les plantes nécessaires à la consommation de la ferme. Ces quelques hectares deviendront le centre d'une culture plus riche, qui s'étendra progressivement sur les pâturages à mesure qu'ils s'amélioreront.

Progresser par une agriculture lucrative, par une agriculture qui donne le plus grand produit net dès le début des opérations, voilà ce qu'il faut, et non pas des cultures qui donnent un grand produit brut à la vérité, mais qui sont quand même onéreuses puisqu'elles ne couvrent pas leurs dépenses.

J'avais une terre de cinq arpents, formée par un sable maigre légèrement argileux en période forestière qui, pendant huit ans qu'elle avait été abandonnée à elle-même, ne présentait que quelques pieds d'agrostis traçante et quelques trèfles champêtres qui étaient loin de former un gazon; j'ai fait labourer cette terre avant l'hiver et au printemps. J'y ai fait semer des fonds de grenier avec du trèfle blanc et environ 300 kilogr. de guano par hectare; à la fin de l'année, la terre était couverte et présentait un pâturage à moutons; au bout de trois ans, l'engazonnement était parfait.

Le gazon, lorsqu'il est pâturé et qu'il est aménagé avec soin, présente cet avantage qu'il enrichit le sol continuellement et que la pâture va s'améliorant chaque année. Si on peut lui donner un peu d'engrais actif, surtout dans les premières années, il progresse d'autant plus vite, mais son produit doit être consommé sur place et les débris de la digestion doivent lui rester, sans quoi le but serait manqué. Dans ce fait, mille fois constaté et que la nature elle-même nous présente à chaque pas, surtout dans les landes, il y a tout un système pour le défricheur. Quelle culture plus simple pourrait-il employer pour exploiter une grande surface de peu de valeur? Avec un troupeau de bêtes rustiques du pays, moutons ou vaches d'élevage, qui ne sera grevé que de quelques frais de garde, il tirera parti de plusieurs centaines d'hectares qui exigeront quelques journées de travail par an pour écarter les eaux surabondantes et récolter du foin pour l'hivernage. S'il s'aide des engrais extérieurs, il ne lui faudra pas dix ans pour amener ces pâturages en période fourragère qui bientôt feront place, au moins en partie, à une culture arable exigeant un capital plus considérable qui fera ressortir des récoltes plus lucratives.

Le défrichement, les constructions, les chemins, les assainissements, les clôtures, les plantations, les abris, voilà les seules dépenses qui doivent s'ajouter au fonds de terre dans les landes, et encore, ces améliorations foncières doivent-elles être entreprises avec la plus sévère économie ; elles doivent être en rapport avec la valeur foncière et locative du sol, elles doivent être combinées de manière que le capital foncier continue à fournir le revenu que la lande donnait, augmenté de l'intérêt de ces nouvelles dépenses d'amélioration.

Quant aux frais d'exploitation, ils doivent être mis au niveau de la fertilité du sol. Nous ne proposerons pas, par conséquent, de créer des prairies telles qu'on les établit dans les pays riches, c'est-à-dire après plusieurs cultures successives qui ont divisé la couche végétale, après des plantes sarclées et richement fumées, après un nivellement parfait du sol ; ce que nous proposons, c'est de créer des pâtures avec des graines de peu de valeur; c'est là un point important, mais convenant particulièrement aux sols sablonneux que l'on veut exploiter, de répandre ces graines en suffisante quantité sur la terre défrichée et qu'on a laissée exposée aux influences atmosphériques pendant quelques mois, puis qu'on a travaillée à la herse et au scarificateur à couteaux en usage dans les défrichements des sapinières de la Flandre occidentale. Bien certainement, on n'obtiendra pas de cette manière un riche pâturage, mais si en même temps qu'on sème la graine on peut répandre un peu de cendres ou 3 à 400 kilogrammes de guano, on aura un enherbement dès la première année, qui ira en s'améliorant par la présence du bétail. Les premiers frais d'ensemencement effectués, l'exploitation de l'herbage se continuera sans autre dépense que les frais de loyer et les frais de garde du troupeau.

Si modestes que soient ces procédés, j'estime que, la lande ayant été payée 200 francs l'hectare, les dépenses d'améliorations foncières, défrichement, bâtiments, chemins, abris, etc., élèveront ce prix de 400 francs, de sorte que l'hectare défriché et bâti coûtera environ 600 francs et devra, à raison de 2 1/2 p. c., fournir une rente de 15 francs ou l'équivalent, soit deux quintaux et demi de foin, à 6 francs le quintal. Le surplus de la récolte sera attribué au capital d'exploitation constitué par le bétail et les frais qu'il entraînera à sa suite. Or, les terres de Campine, qui sont en période pacagère, peuvent fournir huit à dix quintaux métriques de foin par hectare, ou plutôt le pâturage pendant six mois à six ou huit moutons du pays.

Beaucoup de graminées et de légumineuses, dont nous avons donné la liste ailleurs, réussissent dans les terrains sablonneux de la Campine; nous avons déjà cité l'ivraie d'Italie et l'ivraie d'Angleterre, la houque laineuse, la phléole des prés, le dactyle pelotonné, la crételle des prés;

nous pouvons ajouter la flouve odorante, l'avoine élevée, et beaucoup d'autres qui y croissent spontanément et qui jouissent d'une bonne réputation pour la nourriture du bétail. On pourrait par conséquent indiquer des mélanges très-rationnels pour enherber les terres défrichées ; mais, outre que ces mélanges coûtent très-cher, nous les croyons inutiles, parce que les herbages ne tardent pas à se peupler des espèces qui conviennent le mieux à la nature du sol et du climat ainsi qu'à la fertilité, qui se modifie à chaque saison. On a beau vouloir garnir un terrain d'herbes pour lesquelles on éprouve une prédilection, la nature finit toujours par l'emporter, et nous trouvons souvent, après quelques années de végétation, une série de plantes toutes différentes de celles que nous avions adoptées pour l'engazonnement.

Ce que l'on doit avoir en vue, c'est de garnir le sol le plus promptement possible et à peu de frais, en choisissant des espèces dont la graine s'obtienne à bas prix et qui aient des tendances à taller. A ce double point de vue, nous ne connaissons pas de plantes qui conviennent mieux que le trèfle blanc, *Trifolium repens* L., l'ivraie d'Angleterre, *Lolium perenne* L. et la phléole des prés, *Phleum pratense* L., que nous semons souvent dans les proportions suivantes :

| | | |
|---|---|---|
| Ivraie vivace . . . | 20 | kilogrammes. |
| Phléole des prés . . | 6 | — |
| Trèfle blanc . . . | 10 | — |

Ces proportions sont beaucoup plus fortes que celles

qu'on adopte dans les bonnes terres, mais on ne doit pas oublier que l'on opère ici sur un sol très-maigre et surtout mal préparé.

Nous sommes convaincu qu'un défricheur qui prendrait pour base de ses opérations la création des sapinières sur les plus mauvaises terres, dans les sables blancs et dans les dunes, et la formation des pâturages, tels que nous venons de les décrire sur le reste d'un domaine comprenant quelques centaines d'hectares, en se ménageant une petite culture plus intensive au centre, près de l'habitation, arriverait, tout en obtenant sa rente et des profits raisonnables dès la seconde année, condition qui ne doit jamais être laissée en oubli, à une réussite complète sous le rapport de la fertilité et de la plus value du sol, en moins de vingt années, époque où la contrée, par la création de voies ferrées, de canaux et de routes, par l'augmentation de sa population, de son commerce, de son industrie et de la fortune publique, verrait ses terres recherchées à l'égal des autres terres du pays.

A l'époque actuelle, un propriétaire, eût-il amélioré un domaine au centre de la Campine, fût-il parvenu, par son industrie et ses capitaux, à amener les terres au même degré de fertilité que les meilleures terres de la Flandre, qu'elles n'auraient pas pour cela une valeur égale à ces dernières. C'est que la fertilité n'est pas la seule cause de la valeur du sol; l'état de richesse du pays exerce souvent sur cette valeur une influence plus grande que la fertilité, et nous croyons pouvoir affirmer que si des terres de la Campine pouvaient être amenées dans la Flandre orientale à proximité des populations agricoles et des villes populeuses, elles acquerraient, par ce seul fait, une valeur décuple de celle qu'elles ont aujourd'hui.

Le propriétaire qui améliore en pays pauvre doit donc s'attendre à ne pas voir s'élever, dans la même proportion que la fertilité, la valeur foncière du sol, pas plus que sa valeur locative, et c'est une raison de plus pour qu'il adopte un système extensif, la culture par le temps, au lieu d'un système intensif ou par le capital, comme base d'opérations.

---

# II

## Rapport sur une excursion agricole en Campine, en Hesbaye, dans le pays de Herve et en Ardenne, entreprise par des élèves de l'École d'agriculture de Thourout.

**Rapporteur : M. Adolphe DAMSEAUX,**

Élève de troisième année d'études (1).

Nous sommes partis de Thourout le 11 mai 1857, par le train de 9 heures, et nous sommes allés loger à Turnhout.

Le lendemain matin, nous nous sommes rendus à Raevels, où nous avons visité les irrigations de M. Van Put.

(1) Le rapporteur de cette excursion, dirigée par M. Phocas Lejeune, a été désigné par ses condisciples.

Lorsque M. Van Put fit l'acquisition de ces terrains, le sol était couvert de bruyères; il les acheta à raison de 350 francs l'hectare. La surface actuellement défrichée et irriguée est de 125 hectares. M. Van Put estime la dépense occasionnée pour les travaux d'établissement à 1,200 fr. en moyenne, par hectare.

Ces irrigations ont été établies à deux reprises différentes : une première partie a été établie en 1851, l'autre en 1853. Voici la manière dont M. Van Put a procédé à leur création :

On nivela d'abord le sol pour que la charrue ne fût pas arrêtée dans sa marche. On disposa ensuite le sol en billons au moyen d'une charrue à deux chevaux, et pénétrant à une profondeur moyenne. Ce travail fut continué tout l'hiver, lorsque le temps le permit, jusqu'à ce que le labour de cette première partie fût achevé. Ce seul labour suffit; on égalisa ensuite les ailes des planches à la bêche et on hersa pour disposer le sol à recevoir les semences.

Le système d'irrigation suivi en Campine est celui qui porte le nom d'irrigations par *doses,* par *ados* ou par *planches bombées.* Aujourd'hui, cependant, la création des prairies submersibles y a déjà pris une certaine extension.

Voici, d'une manière brève, comment on procède pour disposer le sol suivant le système par ados. Après avoir divisé le terrain en compartiments, et déterminé le nombre de biefs que chacun d'eux doit comprendre, par le nivellement de la rigole de distribution, on nivelle chacun d'eux, en déterminant les côtes des points les plus hauts et de ceux qui sont le plus bas; en prenant la moyenne entre toutes les côtes observées, on obtient celle du plan horizontal, auquel le terrain peut être ramené. Comme cette moyenne doit servir de point de départ, on la marque sur le sol au moyen d'un piquet. On détermine alors les crêtes de toutes les rigoles en tenant compte de la pente.

Ces crêtes se marquent en établissant de petits remblais dans toute la longueur des rigoles. Ces petits remblais, faisant saillie au-dessus du sol, sont nivelés, et au milieu de chacun d'eux, suivant leur destination, on trace une rigole de dimensions données.

Les abreuvoirs, c'est-à-dire les rigoles qui déversent les eaux sur les ailes des planches, communiquent avec la rigole de distribution au moyen d'une simple ouverture pratiquée dans cette dernière; les crêtes sont établies horizontalement à 0,05 en contre-bas de la rigole de distribution. La rigole de déversement creusée, les bords des crêtes latérales sont souvent couverts de gazons de la même largeur qui en assurent la fixité; le plafond de ces rigoles est horizontal et se trouve à 0,05 en contre-bas de la crête, leur largeur est de 0,25 pour une longueur de $25^{m}$ 50. Quelquefois les rigoles de déversement, au lieu d'être horizontales, ont une pente de 0,005 par mètre.

Les crêtes des égouttoirs sont établies horizontalement à 0,25 en contre-bas de celles des abreuvoirs; ils ont une profondeur de 0,20 à l'origine et de 0,25 à leur extrémité, sur une largeur égale et une longueur de 24 mètres.

On laboure ensuite et on défonce les ailes des ados à la bêche ; on réunit, le plus régulièrement qu'il est possible, les arêtes des deux systèmes de rigoles. Les figures ci-jointes montrent la disposition qu'affecte alors la surface du sol.

Il faut que les rigoles d'écoulement, qui reçoivent les eaux des égouttoirs, soient établies de manière que le niveau des eaux y reste constamment en contre-bas du plafond des rigoles d'égouttement.

On donne un travail semblable à toutes les planches. Partout, il doit régner la plus grande exactitude, surtout dans le nivellement des crêtes des ados, qui doivent toujours être maintenues parfaitement horizontales, pour que l'arrosage soit régulier et qu'il n'y ait pas de pertes. Les compartiments sont de dimensions variables ; ils sont souvent séparés par une diguette. La nécessité de retenir les eaux amenées sur le sol lorsqu'on irrigue par submersion, oblige l'établissement d'une de ces diguettes entre chaque compartiment. Ces diguettes reçoivent des plantations qui abritent les prairies.

Cet exposé succint de la pratique des irrigations et l'inspection de la figure nº 1, suffisent pour faire comprendre les points les plus importants à remplir dans leur établissement, pour obtenir de bons résultats.

Lorsque le terrain fut disposé en ados, M. Van Put, sans aucune culture préalable, fit procéder à l'ensemencement du sol qui, d'abord, avait reçu à titre d'engrais

400 kil. de guano et 400 kil. de poudre d'os par hectare.

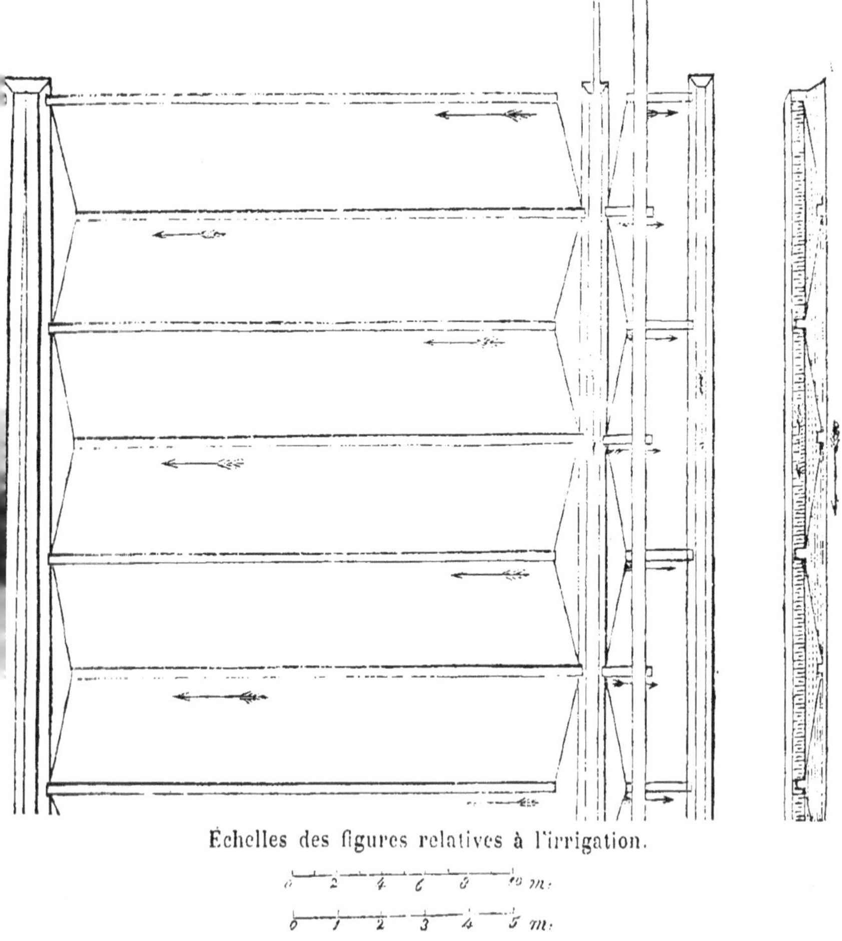


Échelles des figures relatives à l'irrigation.

M. Van Put employa pour former ses prairies un mélange de ray-grass d'Italie et d'Angleterre, de résidus de foin, de timothy avec adjonction de trèfle ordinaire, de trèfle blanc, de lupuline et de lotier velu (*lotus villosus.*) Cette dernière plante se maintient fort bien et constitue essentiellement le fonds de la prairie. Maintenant on y voit apparaître la renoncule aquatique, le plantain moyen, le rumex acetosa, etc.

Un hersage a suffi pour enfouir la semence; on a roulé ensuite. La sécheresse qui régnait à cette époque obligea à donner une irrigation par infiltration.

Une partie des prairies de M. Van Put est irriguée par submersion. La configuration du terrain dont la pente naturelle générale en cet endroit est en sens contraire de celle qu'aurait dû suivre les eaux dans le système par ados, fit recourir au système par submersion. Les frais d'établissement de cette partie ont été très-élevés.

Les données suivantes compléteront celles qui précèdent, et pourront servir pour établir le prix de revient de ces prairies.

Pour créer la première partie de ces prairies, c'est-à-dire celles qui ont été établies en 1851 et qui s'étendent sur 57 hectares, quarante ouvriers ont travaillé depuis le 1er novembre jusqu'au commencement de juillet; à l'époque des semailles cependant, qui a duré un mois, ce nombre s'est élevé à cent. Ces ouvriers recevaient 1 fr. 25 par jour.

La charrue à deux chevaux labourait 33 ares par jour, ce qui coûtait 10 fr. par journée de travail.

Le guano employé au moment de l'ensemencement coûtait 25 fr. les 100 kil.; la poudre d'os 8 fr. pour le même poids.

M. Van Put estime que les frais de main-d'œuvre seuls,

exigés pour la mise en prairies de la première partie, se sont élevés à 550 fr. par hectare ?

Ces prairies reçoivent annuellement 200 kil. de guano à l'hectare, que l'on applique au mois d'avril. Peut-être applique-t-on également un supplément de guano après la première coupe. L'irrigation commence en mars et se renouvelle tous les huit jours pendant vingt-quatre heures ; quinze jours avant la fauchaison on retire les eaux et on n'irrigue plus.

On cure les rigoles après la coupe du regain ; quinze ouvriers travaillent à cette opération pendant six semaines.

Trois ouvriers restent constamment sur les lieux pour surveiller et faire les travaux qui sont jugés nécessaires ; ils reçoivent 400 fr. et le logement.

Chaque année, au moment de la coupe, le produit en foin et regain est mis en adjudication. Les parties les meilleures se sont vendues jusqu'à 580 fr. l'hectare. M. Van Put a vendu, en 1856, le foin et le regain de ses prairies pour une somme de 25,000 fr. ; ce qui donne un prix moyen de 200 fr. à l'hectare.

En 1857, au mois de juin, la première coupe de 120 hectares de prairies a été vendue 21,800 fr. 75 c. Le propriétaire s'était réservé dix hectares pour récolter des graines. Le canal ayant nécessité des opérations pendant l'été, on n'a pu irriguer, l'herbe a été brûlée par le soleil, de sorte qu'on n'a pas récolté de regain. Ce seul fait prouve la valeur de l'eau dans les irrigations de la Campine, alors même qu'elle serait peu riche, peu limoneuse. La perte du regain est estimée 10,000 fr., ce qui aurait élevé le produit à 31,800 fr. pour 120 hectares. L'augmentation de revenus est sensible.

L'aménagement des eaux est fait avec beaucoup de soin dans ces prairies; le gazon est très-bien fourni, l'assainissement du sol est prompt, facile et complet; l'application simultanée de l'eau et de la fumure annuelle de guano donne à l'herbe une grande vigueur et la rend très-productive; aussi les irrigations de M. Van Put occupent-elles le premier rang parmi toutes celles de la Campine.

### DÉFRICHEMENTS ET PRAIRIES IRRIGUÉES DE LA SOCIÉTÉ ANVERSOISE D'ARENDONCK.

Les terrains qui avaient été convertis en prairies irriguées par cette société, sont maintenant répartis entre plusieurs fermes, dans lesquelles on s'occupe de la production du fromage dit hollandais.

Une grande partie des irrigations de ces fermes sont maintenant transformées en pâturages. Cependant, il est presque impossible d'obtenir de bons effets de ce système d'irrigation, lorsqu'on abandonne le terrain ainsi traité à la pâture libre des animaux. Comment interpréterons-nous ces faits, si ce n'est en disant que ceux à qui la direction de ces fermes a été confiée, sont des fermiers hollandais, qui ont une prédilection pour le pâturage et qui ne connaissent guère l'influence de l'eau sur la végétation de l'herbe ?

Sortant d'un pays où les circonstances de sol et de climat établissent, comme une nécessité de la culture, l'adoption du système des pâturages, et où le dépôt des excréments des animaux sur le sol suffit pour entrenir la fertilité de celui-ci, ils s'imaginent qu'il est impossible de nourrir et de faire produire lucrativement le bétail, s'il est tenu sous un système de stabulation continue, qui les obligerait à faucher et à faire consommer à l'étable l'herbe que les prairies irriguées produisent ; il leur faudrait des attelages pour le transport de cette nourriture, de celui des fumiers, enfin le matériel augmenterait considérablement.

Ils doutent de la propriété que l'on reconnaît à l'eau, de pouvoir améliorer le sol et d'y maintenir la production de l'herbe.

Nous ne voulons pas juger la question, quant au système à adopter ; mais pour l'effet de l'eau, on ne peut le révoquer en doute ; il est bien prouvé qu'on peut par son moyen développer une végétation et amener insensiblement le sol à une période de fécondité supérieure, pourvu qu'elle soit chargée de matières fertilisantes. Or, les analyses qui ont été faites de l'eau du canal ne laissent aucun doute à cet égard.

Leur opposition à admettre le système de stabulation permanente a obligé les propriétaires à permettre la pâture sur les prairies irriguées. Mais il est impossible d'entretenir des irrigations en bon état lorsque les animaux les parcourent ; ils détériorent les rigoles, leurs pieds forment des creux où l'eau stagne, ce qui amène l'apparition de plantes aquatiques; enfin, à moins de soins très-minutieux qui entraînent des dépenses très-considérables, il serait illusoire d'espérer une distribution régulière de l'eau.

C'est là vraisemblablement ce qui permet de rendre compte de la transformation d'une partie de ces prairies; les rigoles de déversement dans les irrigations les plus rapprochées de la ferme ont été comblées, l'irrigation n'y est plus admise. L'herbe est pâturée par les animaux.

La ferme que nous avons vue en premier lieu, appartient à MM. de Groeter et Lefebvre. Elle est comprise dans la partie dite des trois cents hectares et dirigée par le fermier Verbouwen.

Cette ferme comprend 34 hectares de prairies; 18 sont pâturés, et 16 doivent fournir le foin nécessaire à l'hivernage des animaux. Il y a aussi 3 hectares d'avoine et de trèfle pour la nourriture de deux chevaux que l'on tient pour le service de la ferme.

Cette ferme renfermait en hiver 38 vaches hollandaises. Ce bétail recevait une somme totale de nourriture de 500 livres de foin et de 16 paniers de pulpe de betteraves, pesant chacun 60 kilogr. On reçoit ces pulpes de la sucrerie de Lierre. Ce bétail est abandonné en été dans les pâtures qui avoisinent la ferme.

Les animaux n'ont donc pas de litière. Les excréments sont mélangés aux deux tiers de leur volume de terre et conduits sur les prairies.

Cette année, il a été employé 6,000 kilogr. de guano pour fumer les prairies.

La seconde ferme hollandaise que nous avons visitée est située non loin de la précédente, également sur la zone des irrigations de la Société anversoise ; elle est dirigée par le fermier J. Koopmann ; on y entretient 39 vaches dont 36 donnent du lait. Cette ferme comprend 20 hectares de pâturages, 31 hectares de prairies fauchées et 1 hectare de terre arable. On n'achète pas d'engrais.

La fabrication du fromage (façon Hollande) étant la principale source de profit de ces exploitations, nous croyons utile de donner la description d'une fromagerie et des procédés de fabrication.

## FROMAGERIES HOLLANDAISES A ARENDONCK.

La fromagerie hollandaise, telle que nous l'avons vue chez les fermiers que nous avons visités, est à la fois le lieu de préparation des fromages et l'étable.

Nous donnons ci-après le plan d'une fromagerie. En *A* est la cuisine, non séparée du reste, et où l'on prépare la nourriture des gens de la ferme en même temps qu'on y cuit l'eau nécessaire pour laver et tenir constamment propres tous les objets et ustensiles de fabrication. La plus grande propreté doit régner dans ces étables à double fin, sans quoi il pourrait en résulter des inconvénients graves. Le niveau de la cuisine est en contre-haut de celui de l'étable ; le foyer est figuré en *b*. En *c* est la pompe avec le bassin *i* qui y est adjoint, et dans lequel se fait la dessalaison des fromages ; à sa partie inférieure existe un robinet qui permet de donner écoulement au liquide qu'il

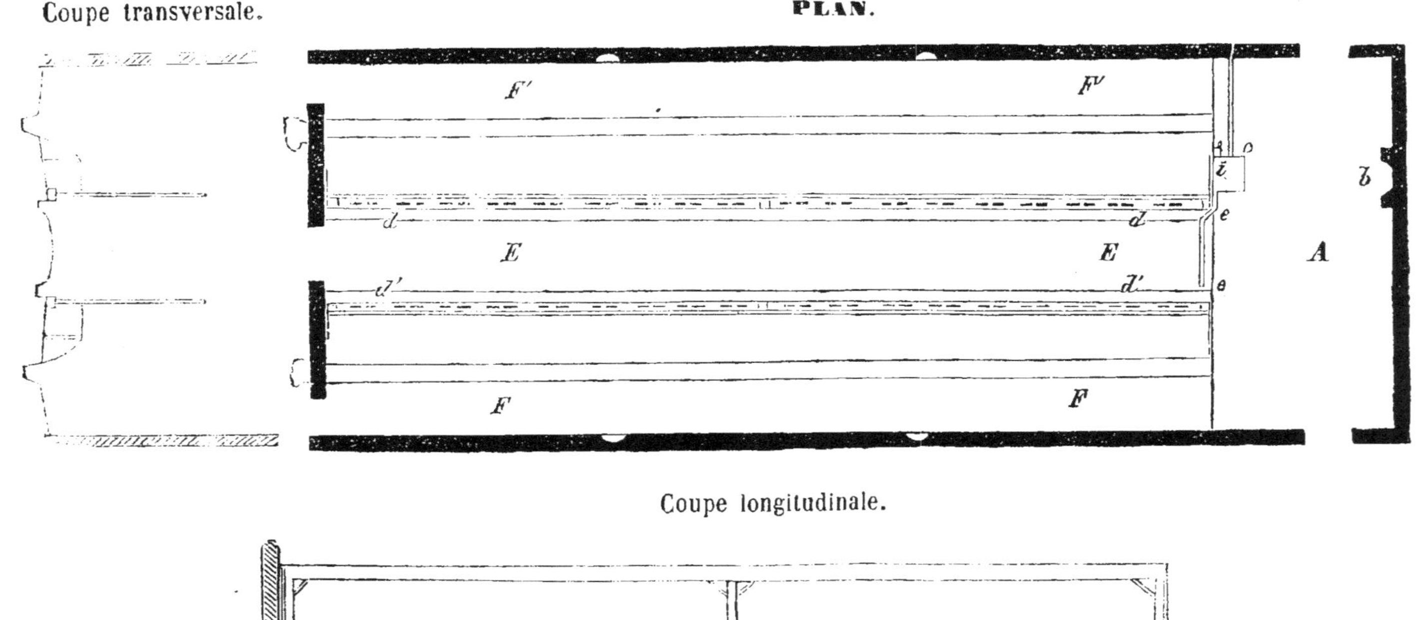
Coupe transversale.
PLAN.
F′
Fᵛ
i
o
b
d
d
e
E
E
A
d′
d′
e
F
F
Coupe longitudinale.

contient après que les fromages sont dessalés. Cette eau sert de boisson aux animaux; elle est amenée dans leur auge (*d d*) au moyen de la petite rigole (*e e*) venant du robinet. Lorsque la première auge est suffisamment remplie, on intercepte la communication avec la petite rigole alimentaire, au moyen d'une planchette, faisant l'office de vanne. L'eau arrive alors dans l'autre rigole *d' d'* à la portée des animaux.

La partie médiane de l'étable (*E E*) est un large couloir terminé par une porte à deux battants; il est légèrement convexe et bordé par les auges *d d*, *d' d'*, dont l'intérieur est en planches. *F F*, *F' F'* sont d'autres couloirs terminés par une simple porte. Le couloir du milieu est souvent occupé par les tables où l'on dessèche les fromages.

Les vaches qu'on peut tenir dans cette étable sont au nombre de trente-six, disposées sur deux rangs. Leur couchage est sec; la partie occupée par le train postérieur des animaux est planchéiée. L'espace sur lequel elles doivent se reposer n'a que un mètre trente-huit centimètres de largeur; on comprend facilement que des vaches qui n'y sont pas habituées tombent fréquemment dans la rigole profonde qui longe la partie qu'elles occupent; au bout de quelques temps cependant, elles se maintiennent facilement. Elles sont attachées à l'aide de deux liens placés des deux côtés de la tête.

Lorsque les animaux donnent leurs excréments, ceux-ci tombent en grande partie dans la rigole, qui, chaque jour, est parfaitement nettoyée en faisant arriver de l'eau dans le creux qui la forme. Toutes les rigoles, légèrement inclinées, conduisent les excréments délayés dans des citernes ou de simples excavations creusées au dehors. Il n'y a pas de séparations entre les animaux ; une simple planche isole le dernier de la cuisine.

Une distillerie est en voie de construction près de la ferme du sieur Verbouwen.

Pendant les quatre premiers mois qui suivent la gestation, les meilleures vaches donnent 20 litres de lait par jour ; après ce temps le rendement diminue. On tache toujours de faire vêler les vaches au printemps.

Le lait de ces fermes est principalement employé à la fabrication d'un fromage façon de *Hollande*. Voici sa préparation :

Disons d'abord que les fromages dont il est question pèsent 6 kilogr. On estime qu'il faut 53 litres de lait non-écrémé pour un fromage. Les vaches fraîchement vêlées donnent par jour 1 kilogr. 50 de fromage. En Hollande, dans les meilleures prairies, une vache donne 2 kilogr. de fromage par jour. On fait cinq fromages par jour, ce qui montre qu'on obtient, en moyenne, par jour et par vache laitière, 9,50 litres de lait.

On trait les vaches deux fois par jour. Le lait provenant d'une traite est placé dans un grand tonneau dans lequel on le fait cailler immédiatement en employant environ un quart de litre de présure (caillette de veau) pour trois fromages. Avant de faire cailler le lait, on doit y ajouter une once environ de solution d'*annato* pour quatre fromages.

Ce lait est caillé au bout de dix minutes; on enlève alors le caillé et on le soumet à la presse. Ce pressage a lieu dans un moule de forme sphérique.

La presse, dont nous donnons le dessin, sert à donner la forme au fromage et à enlever le petit-lait. Le caillé est mis dans la forme et le petit-lait s'écoule par les ouvertures que le moule présente dans son épaisseur. Le couvercle du moule est mobile et c'est sur lui que repose la planche qui communique la pression; *d d* est un montant placé vis-à-vis d'un second qui lui est semblable.

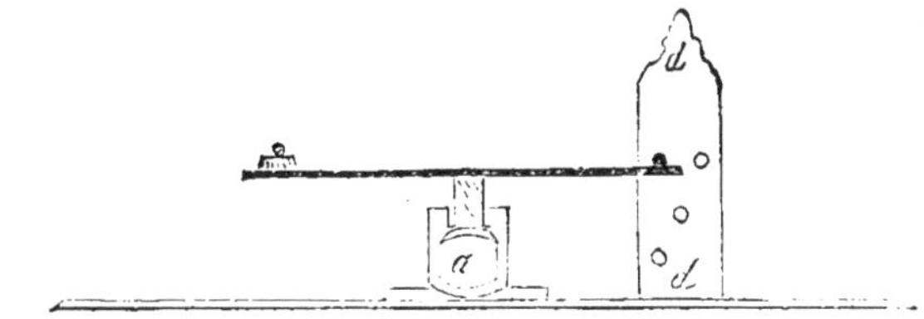


Tous deux présentent des ouvertures placées à différentes hauteurs et se correspondant, ce qui permet de faire servir la même presse à l'obtention de fromages de volumes variables. Une cheville de fer réunit deux ouvertures placées à la même hauteur; la planche s'appuie sous la cheville et forme un levier pressant sur le fromage, et d'autant plus que le poids que l'on met à l'autre extrémité est plus lourd et qu'il est plus éloigné du point où se fait la pression, le troisième point restant le même. C'est l'application banale du levier. On pourrait établir un levier analogue du côté opposé. Un plateau de bois, relevé sur ses bords, recueille le petit-lait qui s'écoule.

Le caillé reste huit heures à la presse ; après ce temps, le fromage est porté dans le saloir. Pour saler le fromage, on le roule dans du sel non pilé, en même temps on presse à l'aide de la main du sel sur sa surface, puis on le place dans des formes hémisphériques de mêmes dimensions que le fromage; celui-ci dépasse donc la forme de la moitié de son volume. Le fromage étant mis dans ces formes, on recouvre encore sa face supérieure de sel. On sale le fromage deux fois par jour comme on vient de l'expliquer.

Pour 42 fromages il faut environ 46 livres de sel.

Le saloir où l'on dépose le fromage peut se fermer au moyen d'un couvercle à charnières. Ce saloir, simulant un grand coffre, doit être facilement à la portée des personnes qui desservent la fromagerie. Le fromage est mis à l'une des extrémités ; mais pour éviter toute méprise, on l'avance chaque jour vers l'autre extrémité, de manière qu'il arrive à celle-ci, le quinzième jour.

Après ce temps, c'est-à-dire quand le fromage est salé, on le porte sur une table placée dans le couloir du milieu et où il reste jusqu'à ce qu'il y en ait un nombre suffisant pour remplir un bassin dont nous parlerons bientôt; en attendant ce moment, les fromages sont retournés sens dessus-dessous tous les jours, c'est-à-dire que la partie supérieure du fromage avant l'opération devient l'inférieure après, de manière à conserver toujours les deux mêmes points d'appui.

Quand le nombre de fromages est suffisant pour remplir un bassin dont la base est rectangulaire (voir la figure en *i*) et dont les dimensions varient avec l'importance de l'exploitation, ils sont portés dans ce bassin que l'on a rempli auparavant d'eau pure. Tout l'intérieur de ce bassin est plaqué de zinc.

Les fromages restent dans ce bassin pendant dix heures. Cette eau sert de boisson aux animaux, lorsqu'on en a enlevé les fromages. On place les fromages dans l'eau pure pour les dessaler (s'ils n'étaient pas suffisamment salés ils s'affaisseraient et ne conserveraient pas leur forme), leur faire gagner de la couleur et les ramollir.

Là, se terminent les renseignements donnés par le fermier Verbouwen. Nous l'avons quitté et nous nous sommes ensuite rendus chez M. Koopmann dont nous avons déjà parlé. Ce cultivateur nous a donné des renseignements qui concordent tout à fait avec ceux qui précèdent. Il nous a ensuite communiqué le reste de la fabrication, que voici :

Les fromages en sortant du bassin où on les a mis tremper sont portés sur des tables où on les laisse sécher pendant huit jours. Après cela, on les replace de nouveau dans l'eau pure et ils y restent aussi longtemps que la première fois. Ensuite, on reporte les fromages sur les tables, on les y laisse sécher pendant huit jours, puis on les lave avec de l'eau tiède. On peut les vendre ensuite.

Indépendamment du fromage, le lait fournit encore une certaine quantité de beurre qu'on estime à environ 14 à 15 livres par semaine ; soit 23 à 24 litres de lait pour 500 grammes de beurre.

M. Koopmann vend ses fromages à Anvers, à raison de 26 à 27 florins de 2 francs 11 cent. (fr. 54-86 à 56-97) les 50 kilogr. En 1856, il vendait le même poids de fromage de 46 à 47 florins (fr. 97-06 à 99-17).

Depuis 1858, les défrichements de la Société anversoise sont placés sous l'intelligente direction de M. Cluysnaar, ancien élève de l'École impériale de Grignon.

### EXPLOITATION DU MAT.

Afin de ne pas scinder ce qui a rapport aux irrigations, nous allons passer en revue ce qui les concerne dans notre course.

Non loin du domaine de Postel, se trouve le Mât, dépendant de la commune de Moll.

Nous avons visité au Mât l'exploitation de MM. Mulder, Tacquenier et Compagnie, qui est tenue par le fermier Meulemans.

Les bâtiments sont vastes, bien distribués et construits en maçonnerie. Ils se composent de deux étables, dont l'une pour 100 têtes de gros bétail et l'autre pour 50; d'une grange en maçonnerie, d'une grange hollandaise, d'une bergerie, d'une écurie pour 8 chevaux et de la maison d'habitation.

Cette exploitation, dont l'étendue actuelle est d'environ 300 hectares, est formée de 150 hectares de prairies et de 130 hectares de terres en culture; il y a également 12 à 13 hectares de trèfle. On cultive aussi sur une petite échelle d'autres récoltes qui viennent généralement bien.

On tient sur cette ferme 8 chevaux, 70 bêtes à cornes et 200 moutons.

Les vaches, au nombre de 20, donnent 7 à 8 livres de beurre par semaine. Les génisses non pleines et les jeunes bœufs sont engraissés. L'alimentation consiste en foin sec presque exclusivement. En été on tient à peu près le même nombre d'animaux dont le rendement n'est pas non plus sensiblement variable.

Les ventes diverses ont rapporté un produit brut de 25,000 francs. On a aussi vendu du foin, en sus, pour une somme de 6,000 francs. Nous avons vu que M. Van Put avait vendu, en 1856, le produit en foin de 125 hectares pour 25,000 francs, avec infiniment moins de frais d'exploitation et de bâtiments.

L'irrigation y est très-bien entendue. L'irrigation se renouvelle tous les six ou sept jours ; elle se continue pendant trois ou quatre jours et pendant six heures chaque jour.

Préalablement à l'établissement des prairies irriguées, le sol reçoit pendant trois années consécutives des pommes de terre. Aujourd'hui ces prairies sont en très-bon état et rendent 7,000 livres de foin en première coupe ; le regain donne encore 4,000 livres de foin.

Chaque hectare de prairies reçoit annuellement 270 kil. de guano. On emploie aussi quelquefois des boues de rue.

Étant arrivés très-tard à cette ferme, nous n'avons pu y obtenir que quelques données. Nous avons dû partir presque immédiatement pour Lommel, où nous devions loger.

## IRRIGATIONS DE NEERPELT AVEC LES EAUX DU DOMMEL.

Le jeudi, 14 mai, en nous rendant chez M. l'ingénieur Keelhoff à Neerpelt, nous aperçûmes le Dommel, ruisseau qui a servi le premier à donner l'idée de l'amélioration que les eaux pouvaient produire en Campine. Ce fut le bourgmestre de Neerpelt, qui, le premier, fit déverser les eaux de ce ruisseau sur des terrains graveleux environnants, où l'on rencontrait beaucoup de cailloux roulés. Après quelque temps, les produits que les prairies rendirent par le secours de l'eau furent considérables. Les ingénieurs profitèrent de cette découverte, et M. Kümmer proposa au gouvernement d'utiliser les eaux du canal de la Campine à la création de prairies que l'on irriguerait... La proposition fut acceptée et l'irrigation commença.

## MESUREUR DE NEERPELT.

M. Keelhoff était absent. Nous fûmes accompagnés par un de ses employés qui nous conduisit au mesureur de Neerpelt. Il nous expliqua le but de cet appareil et son mécanisme.

Le mesureur de Neerpelt a pour but d'obtenir une juste distribution des eaux entre tous les usagers.

Pour cela il faut connaître le volume d'eau nécessaire à l'irrigation et posséder un appareil régulateur dont le débit puisse être maintenu constant. Cette question exige donc que l'on évalue la quantité d'eau nécessaire, pendant un temps donné, pour irriguer une surface de prairies déterminée, et l'établissement d'une construction qui permette d'en régler le débit proportionnellement à la surface de terrain.

La quantité d'eau ainsi exigée dépend de trois circonstances principales qui rendent la question très-complexe : 1° la nature du sol, 2° le climat, 3° le système d'irrigation adopté.

Dans les contrées méridionales de l'Europe, où les irrigations sont une des conditions fondamentales de l'existence des prairies, il y a déjà longtemps que des recherches ont été faites dans ce sens. On y possédait, comme le plus perfectionné de tous les appareils existants alors, le module milanais.

Ce module, cependant, ne donnait pas encore des résultats assez justes, et des contestations entre les concessionnaires et les propriétaires des eaux s'élevaient sans cesse. En Campine il fallait ménager également les intérêts de ceux qui jouissaient d'une prise d'eau et les intérêts de l'Etat, dont le but est de fournir des eaux d'arrosage à la plus grande surface possible de prairies. Le module milanais ne fut pas adopté, et M. Keelhoff, ingénieur chargé du service des irrigations de la Campine, fit établir le mesureur de Neerpelt qui permettait d'obtenir des résultats beaucoup plus exacts. Nous nous bornerons ici à reproduire les bases de l'expérience sans donner la disposition de l'appareil.

Disons, toutefois, que le mesureur est établi sur la principale rigole alimentaire des irrigations de Neerpelt, à 25 mètres en aval de la prise d'eau. Un déversoir est construit dans l'épaisseur de la digue du canal qui retient les eaux de ce côté. Son radier doit être placé au niveau de celui de la prise d'eau. Les eaux qui s'écoulent dans le déversoir tombent dans un bassin d'une contenance déterminée, d'où elles peuvent s'écouler à leur tour par une rigole ayant les dimensions de la section de la rigole principale d'alimentation. Son seuil est de niveau avec celui du déversoir. Ce bassin mesureur communique à l'aide de vannes avec d'autres réservoirs plus petits, portant des échelles divisées, qui simplifient beaucoup les calculs.

On recherche d'abord la quantité d'eau nécessaire à l'irrigation d'un hectare de prairies. A cet effet, on fait d'abord déverser par une vanne, sur un terrain donné, un volume d'eau indéterminé, mais suffisant pour l'imbiber complétement. Les collatures provenant de l'irrigation sont recueillies et cubées. Au moyen d'une montre à secondes on note exactement le temps qu'a duré l'écoulement. Ensuite, par une seconde vanne, dont la section est rigoureusement conforme à celle de la première, on dirige l'eau, pendant un temps donné, dans un réservoir creusé à cet effet. Une échelle qui y est placée montre le volume d'eau que contient le réservoir lorsque la flottaison de l'eau atteint une hauteur déterminée. On peut alors estimer la quantité d'eau qu'il faut pour imbiber la pièce de terre sur laquelle on fait les expériences. En supposant, par exemple, que la première vanne soit restée levée pendant $n$ heures, que les collatures recueillies aient cubé $y^{m3}$, que la seconde vanne ayant coulé pendant une heure a donné $z^{m3}$; puisque en une heure la seconde vanne donne un débit de $z^{m3}$, en $n$ heures elle a par conséquent donné un total de $z^{m3} \times n = p$. Soustrayons les collatures $y^{m3}$ et nous trouverons qu'il a fallu $p - y^{m3}$ pour irriguer 1 hectare de prairies.

On obtient ainsi la quantité d'eau nécessaire, pendant un temps donné, pour irriguer une superficie déterminée de prairies.

Mais ce moyen ne donne nullement le volume d'eau que déverseraient pendant un temps donné des vannes de sections différentes. Pour arriver à ce résultat, on a établi un déversoir fait de telle manière que l'on peut à volonté modifier sa section d'écoulement. La vanne qui sert à donner cette section est guidée dans ses mouvements par une vis dont les pas sont très-petits pour obtenir des changements de niveau aussi faibles que possible. Cette vanne se nomme vanne hydrométrique.

Chaque fois que l'on veut jauger un volume d'eau, il faut nécessairement que le bassin mesureur soit bien vidé, ce qui se fait au moyen d'un aqueduc de décharge; la vanne hydrométrique reste hermétiquement fermée pendant cette opération. On lui donne l'ouverture voulue quand on commence l'expérience.

A côté du déservoir, est creusé un réservoir dans lequel on laisse écouler l'eau pendant un certain temps; on note ce temps à l'aide d'une montre à secondes, on cube l'eau écoulée comme plus haut, et l'on a ainsi la quantité d'eau qui s'écoule d'une section connue pendant l'unité de temps.

Après ces essais, on diminue la surface de la section d'écoulement et on recommence l'expérience; on mesure le volume d'eau fourni par cette ouverture pendant un temps donné. En modifiant ainsi successivement la section d'écoulement du réservoir, on arrive à obtenir, sous une pression toujours égale, le cube d'eau débité par des sections d'écoulement différentes.

Pour que l'on puisse se baser sur le résultat de ces expériences, il faut être, certain qu'une ouverture donnée procure toujours la même quantité d'eau par seconde; cette quantité dépend de deux points importants : 1° de la hauteur d'eau dans le canal, c'est-à-dire la pression sur l'ouverture, 2° de la direction des filets.

Les expériences que M. Keelhoff a faites avec le mesureur de Neerpelt donnent la surface infiltrante pour chaque nature de rigoles; on peut ainsi obtenir la surface que l'on peut irriguer avec une certaine quantité d'eau. Ces données, dit M. Keelhoff, sont vraies et applicables partout.

Il nous suffit de montrer la marche suivie dans les expériences qui ont été faites avec ce module pour faire apprécier les conditions dans lesquelles on opérait. Quant à l'appareil en lui-même, il est très-compliqué et nécessiterait des développements qu'il nous est inutile de rapporter (1).

(1) Voir l'ouvrage de M. Keelhoff : *Traité pratique de l'irrigation des prairies*. Bruxelles, Tarlier, 1856, in-8° et atlas.

### PRAIRIES IRRIGUÉES DE M. KEELHOFF.

Après avoir reçu cette démonstration des moyens de se servir du module, nous nous sommes rendus aux prairies irriguées de M. Keelhoff.

Ces irrigations, créées en 1849, sont restées pendant cinq ans sans recevoir aucune fumure. Depuis, on applique annuellement 300 kil. de guano par hectare. On donne aussi une certaine dose d'engrais Hillel, en avril.

On sema, lors de l'établissement de la prairie, de la luzerne, du ray-grass d'Angleterre, de la lupuline, du timothy, du trèfle ordinaire et du lotier corniculé. La luzerne, par sa pousse rapide, est trop dure à l'époque du fauchage. Cependant elle s'y maintient très-bien et soutient l'herbe.

Ces prairies sont sarclées tous les ans. Elles ne sont ni hersées, ni roulées; seulement on tache de maintenir les ados aussi réguliers que possible afin d'obtenir un bon arrosage. Ces soins doivent d'ailleurs être donnés à toutes les prairies irriguées. Pour avoir constamment une distribution uniforme de l'eau, voici comment on procède :

Quand l'eau est introduite dans les rigoles de déversement à la hauteur voulue pour arroser, on exhausse les crètes là où il y a des dépressions, et on rase au moyen d'une bèche tranchante les parties des crètes qui sont surélevées au niveau de l'eau dans la rigole. Dès que la prairie est couverte d'eau, on constate les petits creux où les eaux restent stagnantes; à ces endroits on soulève le gazon au moyen de la bêche, ou bien la terre provenant du curage des rigoles, et qui avait été déposée en petits tas sur leurs bords, y est apportée; on comble ainsi les creux qui se montrent; au contraire, les points trop élevés, où l'eau n'arrive pas, sont abaissés; il suffit bien souvent de les piétiner pour les faire disparaître. Ces travaux se font en septembre ou octobre, après l'enlèvement du regain. On arrête l'irrigation quand la gelée commence à attaquer les plantes.

### PRAIRIES IRRIGUÉES DE M. CLERMONT.

M. Clermont possède également des prairies irriguées dans la commune de Lommel.

Ces prairies ont été créées dans les années 1853 et 1854. On estime que l'établissement de ces prairies revient de 1,100 à 1,200 francs l'hectare.

Le curage des rigoles coûte 7 à 8 francs par hectare. Ces prairies reçoivent des boues de rue.

Les mauvais vents qui ont régné cette année ont retardé la végétation; l'herbe a été gelée deux fois.

On engraisse des vaches dans ces prairies. Nous avons déjà fait remarquer que leur présence doit amener des détériorations qui élèvent fortement les frais d'entretien, et qu'une surveillance continuelle est indispensable, si l'on veut profiter des avantages que procure une répartition uniforme des eaux d'arrosage.

### DÉFRICHEMENTS DE M. VERTONGEN, DE HAM.

Après avoir parcouru les parties irriguées de M. Van

Put, nous nous étions rendus aux défrichements qu'a entrepris M. Vertongen, de Ham (Flandre orientale), et qui sont situés sur la commune de Raevels.

Les terrains à défricher sont réunis en un bloc et forment un beau plateau d'une surface de 115 hectares, que l'on a payés à raison de 150 fr. l'hectare. Cette propriété est attenante par un côté au canal de la Campine; la partie qui le longe ainsi offre une pente convenable qui pourra permettre l'irrigation. A une certaine distance du canal, le sol s'élève insensiblement, de façon que les parties qui sont les plus éloignées occupent un plan supérieur au niveau de l'eau du canal.

Les constructions qu'on y observe sont la maison d'habitation du régisseur et l'écurie des chevaux qui y est adjacente. Elles sont assez éloignées des terrains, mais elles sont très-rapprochées du canal.

Le défrichement s'effectue au moyen de deux charrues qui se suivent dans le même sillon. La première, attelée de deux chevaux, entame la couche superficielle et la retourne; la seconde, à trois chevaux, est également munie de son versoir et ramène la couche inférieure à la surface. Elle est beaucoup plus forte que la précédente; à l'aide de ces deux charrues, on laboure 33 ares par jour.

A une faible distance de la surface, on rencontre le tuf, qu'il est nécessaire de détruire. Le labour au moyen de ces deux charrues pénètre à une profondeur de 0,40 à 0,50 centimètres.

Les travaux ont commencé en octobre dernier. A

cette époque, il fut semé six hectares de seigle sur défrichement; chacun d'eux reçut 233 kil. de guano et 400 kil. de poudre d'os. Ce seigle a complétement manqué.

A l'époque où nous avons visité ces travaux, on avait planté 12 hectares de pommes de terre. Cette plantation, faite sur défrichement, a été exécutée à la bêche. Elles ont reçu 75 à 80 mètres cubes de balayures de rue, qu'on applique au pied des plantes, et 80 à 85 hectolitres de purin (gadoue) par hectare.

L'application de l'engrais liquide est opérée par des hommes qui vont remplir des pots de grès, dont ils sont munis, à la cuve à purin qui se trouve sur le champ. Des chevaux, conduisant chacun un tonneau à purin, amènent l'engrais liquide du bateau à la cuve. Le purin est déversé sur la terre qui recouvre la plante déposée dans le sol. Une partie des pommes de terre a été fumée avec du fumier de cheval.

Il faut 25 à 30 ouvriers pour planter, labourer et fumer un hectare de pommes de terre.

Les balayures, amenées d'Anvers, reviennent, prises au bateau, à 3 fr. 50 c. le mètre cube. Le purin se paye 1 fr. l'hectolitre dans cette ville. Le transport de 750 hectolitres est estimé à 150 fr., ce qui élève le prix de l'hectolitre de purin à 1 fr. 20 c.

Neuf hectares et demi de terrain sont ensemencés en avoine, que l'on a fumés avec du fumier de cheval et 400 kil. de guano à l'hectare.

Les ouvriers reçoivent 1 fr. 25 par jour; ils travaillent depuis six heures du matin jusqu'à sept heures du soir.

On se propose de créer prochainement des prairies irriguées dans cette propriété. Les eaux qui découlent des terrains supérieurs seront recueillies et utilisées pour l'irrigation. Ces prairies seront constituées par le ray-grass et une autre graminée, que l'on croit être l'agrostide stolonifère (a. stolonifera.)

D'après l'avis des cultivateurs des environs, le trèfle réussirait bien dans ces défrichements ; on en a semé dans l'avoine.

Comme on le voit, les travaux sont à leur début. Aucun résultat essentiel sous le rapport des cultures n'a encore été observé, si ce n'est la non-réussite du seigle dans les conditions où il a été semé. On n'a encore déterminé aucun but bien fixe quant au système cultural à adopter. Le mode de défrichement suivi par ce cultivateur est celui qui est généralement employé dans les opérations de ce genre en Campine.

Ces renseignements nous ayant été fournis, nous sommes retournés à Turnhout, pour partir ensuite pour Arendonck, où l'on se proposait de loger. En passant nous avons visité la propriété de M. Verhaeyen, en compagnie du propriétaire et de M. Van Eetvelde.

Les terres de cette belle propriété sont défrichées depuis peu ; les cultures sont belles en général ; le seigle, surtout, offre le plus bel aspect et promet une abondante récolte.

M. Verhaeyen y a fait établir une blanchisserie de toiles. On s'y adonne à la production du porc. Les porcs sont engraissés au moyen de pommes de terre et de son de riz (remoulages.)

On y construit une étable pour 60 têtes de bétail. Voici la disposition de l'étable campinoise :

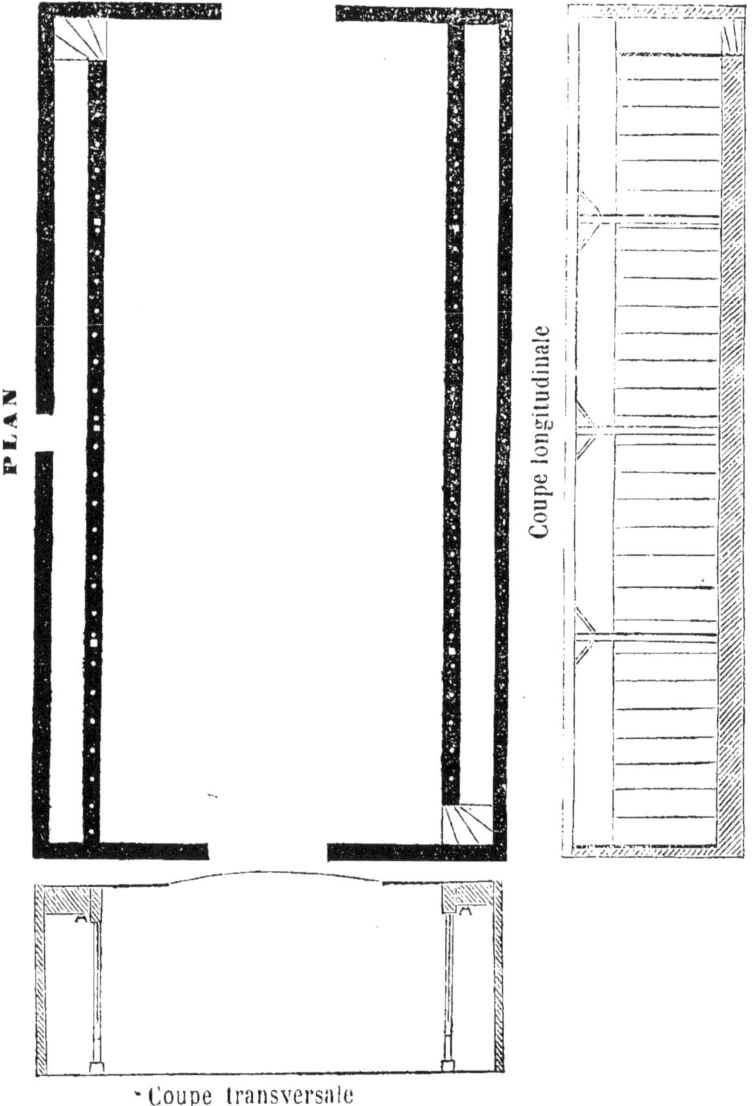


Coupe transversale

Cette disposition se rencontre fréquemment en Campine. On accumule le fumier au milieu de l'étable et sous les animaux qui sont, comme on le voit, disposés sur deux rangs. A mesure que la couche de fumier augmente, les animaux s'élèvent également ; leur mode d'attache, au moyen d'un anneau glissant dans une pièce de bois verticale, permet ces changements sans qu'il en résulte le moindre inconvénient.

C'est par ce système qu'on produit le plus de fumier ; il faut que la litière soit fréquemment renouvelée ; on ne peut donc pas adopter ce genre d'étable, quand la litière manque ou qu'il n'y en a pas suffisamment. Le piétinement des animaux, le passage des voitures, tassent le fumier régulièrement et préviennent les déperditions. Il paraîtrait que l'infection est moins grande par ce système que par celui qui est généralement mis en usage. Les attelages peuvent entrer facilement dans l'étable pour recevoir le fumier, lorsqu'on juge convenable de le transporter au dehors.

Les animaux reçoivent pour nourriture de la paille et du foin avec un peu de vert, trèfle, etc. On y joint aussi une faible quantité de tourteaux. Lorsque les animaux reçoivent des buvées, ils les prennent dans des bacs mobiles longs de quatre mètres, et divisés en trois compartiments ; chaque compartiment est séparé de son voisin par une planche laissant un petit espace vide à sa partie inférieure pour qu'il y ait communication entre chacun d'eux.

Après cette visite, nous reprîmes le chemin d'Arendonck.

La route de Turnhout à Arendonck est bordée de sapinières, déjà d'un certain âge, et qui montrent une grande souffrance ; la plupart des sujets sont rabougris, les pousses annuelles restent courtes, ils sont arrêtés dans leur développement radiculaire.

Ces sapinières ont été semées sur place sans défoncement préalable. Il en est résulté que les racines ont bientôt rencontré le tuf, qui a opposé un obstacle à leur développement. On préfère aujourd'hui, lorsque l'on veut établir des sapinières sur une bruyère non défoncée, où le tuf existe, la plantation au semis. Le jeune plant repiqué, après ablation du pivot, émet des ramifications radiculaires latérales, qui lui permettent de croître. Quoi qu'il en soit, l'ameublissement du tuf est toujours préférable à ce palliatif; l'assainissement du sol par des tranchées est obligatoire, pour que le tuf ne se reproduise pas.

Près des villages, on rencontre des terres où l'on cultive constamment le seigle. Quelquefois on y sème des carottes en récolte dérobée.

A Arendonck, nous voyons M. Bals, pépiniériste et cultivateur distingué, dont les efforts pour propager les bonnes espèces sont incessants. Il nous donne d'excellents renseignements sur les défrichements de la Campine. Il nous montre ses pépinières et ses cultures. Nous le quittons pour nous diriger sur Postel, après avoir visité les défrichements de la Société anversoise.

### DOMAINE DE POSTEL.

Le domaine de Postel comprenait anciennement une

étendue d'environ 5,000 hectares. Il a été divisé en trois séries. La troisième, de 1,800 hectares, vient d'être achetée par Mgr le comte de Flandre.

### DÉFRICHEMENT DE MADEMOISELLE LA BARONNE DE GHYZEGEM A MARIAHOEF.

Nous avons visité à Postel les défrichements de bruyères que l'on exécute sur la première série du domaine de ce nom. Elle appartient à mademoiselle la baronne de Ghyzegem. Les défrichements s'effectuent sur la ferme de Mariahoef dont M. Van Eetvelde est le directeur. Depuis 1858, mademoiselle la baronne de Ghyzegem a pris la direction supérieure de son domaine.

La ferme de Mariahoef occupe une étendue de 300 hectares. Les terrains ci-devant incultes, et qui sont maintenant défrichés, ont une surface de 109 hectares qui se répartissent ainsi : 20 hectares en pâture, 40 hectares en seigle, 40 hectares d'avoine et 9 hectares de trèfle.

Le terrain est généralement profond, à sous-sol perméable ; situé au pied d'un versant, il conserve toujours une fraicheur convenable et il est possible d'évacuer les eaux qui, à certains moments de l'année, peuvent devenir trop abondantes.

La manière de traiter le terrain à défricher varie suivant qu'il est situé sur des parties élevées ou qu'il occupe des points plus bas.

Ainsi, dans les parties hautes, M. Van Eetvelde défriche à la charrue. Le premier labour se donne aussi superficiellement que possible pour retourner la bruyère et favoriser sa décomposition. Ce labour pénètre néanmoins à 0,20 ou 0,25 centim. On donne des hersages dans divers sens, jusqu'à ce que l'ameublissement soit suffisant. On sème ensuite du seigle avec une fumure de 300 kilogr. de guano à l'hectare. L'hectare de seigle rend 25 hectolitres.

L'année suivante, le sol est planté en pommes de terre que l'on fume à raison de 70 mètres cubes de fumier de vache. Leur produit a été de 15,000 kilogr. à l'hectare?

La troisième année, on ensemence encore en seigle.

Dans les parties basses, on ameublit aussi le sol à la charrue, ou à la bêche quand la première ne peut pas fonctionner convenablement. On ensemence en avoine avec trèfle, en donnant une fumure de 70 mètres cubes de boues de rue et de 300 kilogr. de guano à l'hectare. L'avoine rend de 30 à 40 hectolitres par hectare. Le trèfle se développe la seconde année ; il est ensuite rompu et on sème du seigle. Après le seigle on obtient encore des navets en récolte dérobée.

L'approfondissement de la couche arable augmente insensiblement à mesure qu'on produit plus d'engrais.

M. Van Eetvelde n'a pas encore adopté de rotation fixe pour ses terres défrichées.

On ne possédait aucune espèce de fourrages quand on a commencé le défrichement, et, actuellement, on entretient sur cette ferme, portion de la première série,

60 bêtes à cornes et 200 moutons. Dans ce bétail sont comprises 20 vaches laitières, dont le lait est converti en beurre. On engraisse les génisses non pleines et les jeunes bœufs de trois ans. On tient à peu près le même nombre d'animaux toute l'année (1).

M. Van Eetvelde s'adonne particulièrement à l'élève du bétail.

On ne laisse subsister les pâtures que deux ou trois ans ; aussitôt que la bruyère menace de reparaître, on opère le défrichement.

Comme nous l'avons dit ailleurs, une plantation de pommes de terre est la première récolte que l'on confie au sol dans les terres nouvellement défrichées en Campine. M. Van Eetvelde n'a pas suivi une marche entièrement analogue ; cependant ses récoltes sont généralement belles, sauf celles qui ont été semées un peu tard.

En examinant le rapport qui existe entre les plantes dites améliorantes et les plantes dites épuisantes, on voit qu'il y a 80 hectares de plantes épuisantes sur 29 hectares de plantes améliorantes ; la culture est donc épuisante, c'est-à-dire que, abstraction faite du fumier étranger fourni au sol, les récoltes consommées sur l'exploitation et qui fournissent du fumier sont en minorité par rapport à celles qui sont exportées et qui appauvrissent le sol. Il faudra donc toujours recourir aux engrais achetés, car on peut croire que ces belles récoltes sont dues à l'accumulation de richesse produite par la bruyère, et

(1) Depuis, il y a une machine à vapeur pour battre les céréales et préparer la nourriture, ainsi que pour moudre les grains propres à la distillerie.

avec la culture épuisante à laquelle la terre est soumise, ces belles récoltes finiront par disparaître à moins que l'on ne continue l'apport d'engrais extérieurs.

M. Van Eetvelde désire cependant baser ses opérations de culture améliorante sur le bétail, qui seul convient aux circonstances économiques de la localité. Il y a donc lieu de croire qu'il ne fera qu'augmenter son troupeau, et, par conséquent, les terres qui lui sont destinées.

M. Van Eetvelde n'a établi que les constructions absolument nécessaires ; il a apporté la plus grande économie dans leur établissement : ainsi, des gazons et des branches de sapin ont servi à les former ; il met ses récoltes en meules et ne fait établir des constructions définitives en maçonnerie, que lorsque le sol en a fourni les moyens.

Nous avons vu, à la ferme de Mariahoef, un appareil spécial pour faire mouvoir la chappe mobile d'une meule hollandaise. Nous en donnons la disposition en perspective et en plan.

Au moyen de bras que l'on introduit dans les ouvertures qui sont pratiquées dans la partie inférieure de la vis (en *a*), on fait tourner celle-ci autour d'un point fixe (*b*). Dans son mouvement circulaire, la traverse (*ff*), unie avec la vis en formant écrou, s'élève. Cette traverse, en s'appliquant contre les deux côtés de la meule qui se joignent à cet angle, les soulève et avec eux toute cette partie du toit. L'appareil est attaché et maintenu immobile au moyen d'une cheville de fer implantée dans le poteau contigu, aux côtés du toit qu'il faut soulever. La pièce ($m$) est de fer, la vis et la traverse sont de bois.

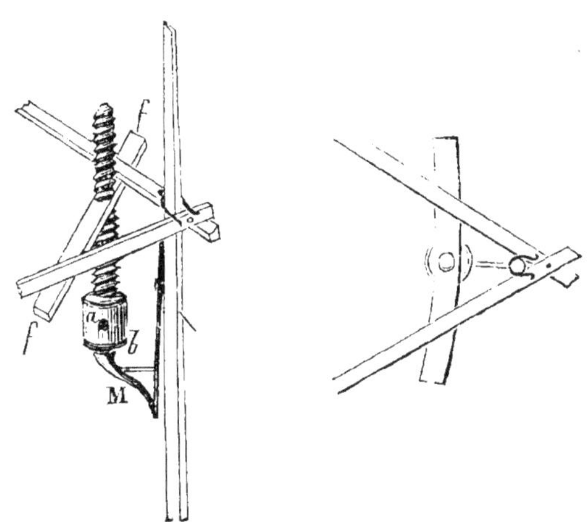


Cet appareil se déplace facilement. Lorsque l'angle de la chappe dont il s'agit est arrivé à une hauteur convenable, on l'arrête au moyen d'une forte cheville de fer, qui pénètre dans le poteau. Cette cheville supporte une autre pièce de fer, recourbée de manière à contourner le poteau et s'attache aux deux côtés du toit qui se croisent derrière lui. Quand l'un des angles est ainsi fixé, on enlève l'appareil pour le porter à un autre que l'on soulève de la même manière ; chacun des sommets est ainsi élevé isolément. Quelquefois, au lieu d'avoir un seul de ces appareils que l'on porte d'un sommet à l'autre, chaque angle en présente un, de façon qu'alors toutes les parties de la chappe s'élèvent simultanément.

On voit, d'après la figure, que chaque poteau perce le toit pour le traverser en dedans de l'angle formé par les deux côtés qui se réunissent. Cette disposition peut pré-

8

senter l'inconvénient d'arrêter l'eau de pluie quand elle arrive au point où le poteau sort de la chappe et de l'obliger à descendre dans l'intérieur de la meule. Il serait donc préférable de fixer les poteaux en dehors de chaque angle.

Ce moyen de donner le mouvement aux toits mobiles doit être lent et dispendieux, surtout quand on multiplie les appareils.

Dans l'ancienne ferme de Postel et dans quelques autres fermes des environs, la nourriture des animaux est préparée dans une ou plusieurs grandes chaudières que l'on amène au-dessus d'un foyer à feu nu, établi au milieu de la cuisine. Ces chaudières sont amenées par l'intermédiaire d'une chaîne attachée à un bras horizontal fixé à son tour à un arbre vertical tournant sur son axe, planté dans la cuisine. Cet appareil est établi de manière que la cuisson étant faite, par un mouvement rotatoire imprimé à l'arbre vertical, la nourriture est conduite à la porte de l'étable.

## COLONIE AGRICOLE DE LOMMEL.

Il existe sur la commune de Lommel un établissement agricole que nous avons visité avant de quitter les irrigations de la Campine ; c'est la colonie agricole de Lommel.

Cette colonie agricole, fondée en 1849, sous les auspices du gouvernement, fut établie dans le but de fournir à des cultivateurs pauvres des moyens de subsistance, et de démontrer qu'il était possible d'amener les bruyères de la Campine à un état de production avantageux. On fit un appel aux cultivateurs du pays : partout on s'empressa d'examiner les propositions qui étaient faites, et bientôt des tenanciers, venant de localités diverses, obtinrent la jouissance de ces fermes. Ces cultivateurs, qui arrivaient de divers points du pays, devaient aussi employer des pratiques variables, celles qui leur paraissaient les plus convenables aux circonstances présentes. Cette diversité de mise en valeur devait présenter un avantage. Elle devait mettre en regard des procédés différents, qu'on pourrait juger, pour faire un choix, et adopter celui qui amènerait le plus sûrement et le plus vite à un résultat avantageux.

Chaque cultivateur reçut une habitation convenable et une grange ; l'étendue de terrain jointe à chaque ferme est de cinq hectares, consistant en un hectare emblavé en seigle, un hectare de prairie irriguée, et trois hectares de bruyère.

Le succès n'a pas répondu à l'attente, et aujourd'hui la bruyère qu'ils avaient reçue n'est pas défrichée ou du moins ne l'est qu'en petite partie. Cependant le sol est d'une assez bonne nature et les baux étaient très-avantageux, c'est-à-dire que le prix du fermage était relativement très-réduit.

Est-il impossible de se rendre compte de l'insuccès, ou doit-on l'attribuer uniquement à l'épizootie qui a ravagé le bétail et qui aurait mis les colons dans la situation la plus pénible, sans le travail qu'ils ont pu consacrer aux irrigations que l'on faisait dans le voisinage ?

On ne peut bien certainement méconnaître la part que les maladies ont pu prendre dans l'échec de ce projet. Mais en examinant les moyens dont ils disposaient, on concevra facilement que ces fermiers étaient dans des conditions qui rendaient leur avancement bien douteux.

En effet, ils arrivaient là avec des moyens très-bornés, un capital très-restreint, leurs bras devaient leur procurer ce qui leur manquait. Ils auraient dû consacrer toutes leurs terres à l'obtention des engrais, c'est-à-dire les transformer en pâtures, et alors ils auraient dû acheter au dehors leur nourriture propre. Ne voit-on pas que sur cette faible étendue, il aurait fallu créer et des fourrages et des grains ; il aurait fallu ramener en un an ces fermes à l'état des fermes de Flandre, ne pas laisser reposer le sol un instant, s'adonner en un mot à une culture intensive.

Et c'est au milieu de la Campine qu'une telle marche aurait dû être suivie !

Il est donc impossible de concilier la réussite de cette entreprise avec l'étendue si restreinte de ces fermes et les moyens pécuniaires des cultivateurs. Ce n'était donc pas cinq hectares que chacun devait recevoir, il fallait quadrupler ce nombre et même mettre entre les mains de quelques-uns d'entre eux un capital suffisant pour faire les premières avances au sol.

Le progrès restera donc bien douteux, pour cette amélioration, aussi longtemps qu'elle sera resserrée dans les limites assignées lors de la conclusion du bail.

### CAMP DE BEVERLOO. — PLANTATION ET CULTURE DE M. LE COMMANDANT DE THIBAUT.

Arrivés à la barrière de Lommel, nous nous sommes dirigés vers le camp de Beverloo. Des deux côtés de la route, on découvre une vaste plaine, couverte de bruyères et quelquefois portant un bois d'une faible venue. Les villages y sont rares et le sol ne paraît pas être aussi riche que dans les autres parties de la Campine. A une certaine distance du camp, la bruyère a été enlevée, le sol est nu, formé d'un sable que les vents enlèvent facilement. M. de Thibaut, commandant du camp, afin de prévenir ces transports de sable, a fait diviser le terrain en bandes parallèles d'une certaine largeur, alternativement cultivées et non cultivées; la couche superficielle est enlevée sur ces dernières. Entre chaque bande règne une rigole creusée à la charrue; la terre qui en provient est amoncelée le long de la bande cultivée pour arrêter le sable. Aussitôt que la rigole se remplit, elle est de nouveau ouverte à la charrue. Les parties cultivées portent cette année de l'avoine qui lève assez régulièrement; elle pourra aussi, jusqu'à un certain point, borner l'action du vent et l'enlèvement des particules mouvantes qui constituent le sol de cette localité.

Arrivés le soir au Bourg-Léopold, nous y avons logé. Le lendemain, M. de Thibaut nous fit visiter le parc, qui offre des plantations d'arbres d'espèces variées, poussant rapidement et présentant une grande vigueur, quoique dans un sol léger. Les bois des meilleures terres de notre pays sont loin d'être comparables, pour la vigueur, aux plantations du camp. Les pelouses, formées avec diverses graminées, sont parfaitement bien garnies et donnent un foin abondant.

### DÉFRICHEMENT DE M. DIERYCKX, A ZONHOVEN.

Près de Hasselt, nous avons visité des travaux de défrichements que l'on exécute sur la commune de Zonhoven.

Ces défrichements s'effectuent sur une surface de 30 hectares environ ; 7 à 8 hectares étaient en culture lorsque M. Dieryckx acheta cette propriété, qu'il paya à raison de 370 francs, à peu près, l'hectare.

M. Dieryckx fait opérer le défrichement à la houe, à une profondeur de 0.40 centimètres environ. Lorsque le sol est convenablement ameubli, on donne une bonne fumure et l'on sème du seigle. Nous avons vu du seigle venu sur défrichement qui présentait le plus bel aspect. M. Dieryckx a aussi essayé cette année la culture des betteraves.

Placé dans une position tout à fait spéciale, M. Dieryckx a cru devoir importer le système qui est généralement suivi en Flandre, c'est-à-dire une culture intensive avec achat d'engrais extérieurs. La ville de Hasselt compte, comme on sait, de nombreuses distilleries, qui consomment beaucoup de grains et maintiennent le prix de ces derniers à un taux constamment supérieur à la moyenne des prix sur les autres marchés. En outre, les résidus de la distillation servent à engraisser des animaux qu'on livre facilement aux villes de Bruxelles, Liége, Louvain, etc.

Le purin que l'on obtient est recueilli et livré aux cultivateurs des environs à très-bas prix; déjà, à deux lieues de la ville, on juge que les transports seraient trop onéreux et que son prix de revient serait trop élevé. M. Dieryckx, moins éloigné, a trouvé convenable d'acheter des quantités considérables de cet engrais; il ne tient qu'un petit nombre de vaches laitières.

Ce système semble s'adapter aux circonstances locales. En effet, on est aux portes d'une ville où l'on peut se procurer de l'engrais et où le débouché est favorable pour tous les genres de produits. M. Dieryckx avait donc la faculté d'appuyer son système de culture sur l'importation d'un engrais dont l'action est rapide; il lui était permis de viser à une grande production, aussi longtemps que l'exploitation n'occupait pas une plus grande surface.

Les cultivateurs du pays, dont l'opinion peut être consultée, sont portés à croire que la fertilité du sol n'est pas assez bien reconstituée par un engrais liquide, moyen de fertilisation incomplet. S'il s'agissait de terre de nature argileuse, l'objection serait plus facilement admissible. Les terres de la zone sablonneuse des Flandres donnent des récoltes qui, au premier examen, tromperaient sur la valeur du sol, et cependant ces terres, fortement fumées, reçoivent la plus grande somme de fumure sous la forme d'engrais liquide; il y a cependant alternance en quelque sorte dans la nature de l'engrais fourni au sol. Peut-être se base-t-on, pour mettre en doute la valeur du système essayé par M. Dieryckx, sur l'application exclusive d'engrais liquide, ce dont très-probablement il ne s'agit pas. Quant à la question de la main-d'œuvre, elle dépend de circonstances spéciales et peut avoir une influence déterminante sur le système à adopter.

Arrivés à Hasselt, nous avons pris le train pour nous rendre à Landen, où nous avons mis pied à terre.

CULTURE DE LA HESBAYE. — FERME DE M. DORMAL A GINGELOM. — EXPLOITATION DE M. WAUTHIER A CRAS-AVERNAS.

Le 16 mai, c'est-à-dire le samedi, nous nous sommes mis en route pour aller chez M. Dormal, à Gingelom. La ferme de Camereyck est située à 5 kilomètres de Landen et appartient à M. Hennequin. Elle est exploitée par M. Dormal.

Les bâtiments de cette exploitation sont vastes et paraissent bien distribués. Le sol est de consistance moyenne, ses propriétés se rapprochent davantage de celles de l'argile, ce sont celles du limon hesbayen en général. La ferme occupe 95 hectares, dont 80 de terres labourables et 15 hectares de prairies, jardins, etc.

M. Dormal a aussi en location une autre ferme, située à Mielen-sur-Aelts, à peu près à six kilomètres de la précédente; elle est de la même contenance que celle-ci, cultivée de la même manière et avec le même nombre de têtes de bétail.

On n'a pas de rotation fixe; voici quelques-unes des formules adoptées : Première année, pommes de terre fumées; deuxième année, froment; troisième année, avoine, puis betteraves fumées; seigle et froment; trèfle; froment; avoine. C'est donc l'assolement triennal perfectionné, les plantes-racines ont été substituées à la jachère, l'introduction du trèfle tend à le transformer en un assolement de six ans, plus ou moins libre.

La surface totale est divisée comme il suit entre les diverses cultures : Froment, 27 hectares; seigle, 11 hectares; avoine, 12 hectares; betteraves, 15 hectares; pommes de terre, 4 hectares; trèfle ordinaire, 8 hectares; trèfle blanc, 2 hectares; trèfle de Suède, 2 hectares; trèfle incarnat, 1 hectare; prairies et jardin, 15 hectares. On sème encore 2 hectares de navets en récolte dérobée.

Le froment, semé sur avoine venue après trèfle, reçoit huit à dix chariots de fumier par hectare (on peut regarder les chariots comme pesant 2,000 kil.); il rend, en moyenne, 16 à 18 hectolitres, déduction faite des semences et des frais de moisson et de battage, qui s'élèvent à 11 p. c. de la récolte.

Le seigle qui succède au froment reçoit également huit à dix chariots de fumier. Il fournit, en moyenne, 15 à 20 hectolitres, après déduction comme plus haut.

L'avoine donne 37 à 40 hectolitres; les frais ci-dessus étant déduits du rendement.

Les betteraves et les pommes de terre sont fumées à raison de 25 chariots par hectare; les premières rendent 35 à 40,000 kilogrammes par hectare, les secondes 10,000 kilogrammes; la variété dite *infernale*, fumée à dose égale, donne 16 à 20,000 kilogrammes par hectare. Les betteraves reçoivent 400 kilog. de chaux de qualité supérieure. On l'applique quelquefois sous forme de compost après l'avoir mélangée à de la terre grasse; d'autres fois, elle est déposée sur le sol par tas d'une manne; on recouvre les tas d'un peu de terre jusqu'à ce qu'elle soit bien délitée. Les deux méthodes sont également bonnes; la première permet peut-être une distribution plus uniforme encore, quoique, dans le second cas, la réduction de volume des tas facilite une distribution plus régulière que s'ils étaient plus volumineux, comme on les fait ordinairement.

On obtient annuellement 465 chariots de fumier dont nous avons vu la répartition. Les purins qui s'écoulent des écuries et des étables sont recueillis avec soin dans des citernes et donnés préférablement aux prairies.

Toutes les terres qui doivent recevoir du seigle et qui portent du froment, celles où le froment doit succéder à l'avoine, sont déchaumées immédiatement après la récolte au moyen de l'extirpateur ou avec un polysoc (à trois socs); on herse fortement ce déchaumage. Toutes les autres terres, aussitôt qu'elles sont débarrassées de la récolte, sont aussi déchaumées, mais avec la charrue dite du Brabant; souvent ces dernières sont aussi retournées une seconde fois.

Les tréflières, qui doivent être défrichées pour être emblavées en froment, sont rompues au commencement du mois d'août et à mesure qu'on enlève la récolte, avec la charrue du Brabant, munie de son avant-soc ; elle pénètre à une profondeur de 0,15 à 0,20 centimètres. Les labours donnés dans les premiers moments, comme déchaumage, doivent souvent être renouvelés, parce que le sol a eu le temps de se durcir de nouveau.

Tous les labours profonds, soit qu'on les applique aux betteraves ou à l'avoine, sont donnés à la même profondeur, à l'exception cependant de ceux qui servent à enfouir le fumier et qui n'ont qu'environ 0,12 à 0,15 centimètres de profondeur.

Le travail de cette exploitation exige quinze chevaux. M. Dormal en entretient constamment vingt ou vingt et un, parce qu'il cultive encore 15 hectares en dehors des cultures de la ferme, et dont il n'est pas question ici.

M. Dormal fait l'élevage complet du cheval depuis une année. On entretient dans chaque exploitation sept juments pleines, nombre qu'on se propose de maintenir dans les années suivantes. On n'a pu conserver que sept poulains dont quatre sont restés à Gingelom et trois à Mielen-sur-Aelts. Les autres sont morts à leur naissance et plus tard encore par suite de maladies.

Le bétail se compose de quatorze vaches laitières, donnant en moyenne dix litres de lait par tête et par jour et environ 40 grammes de beurre. Cette quantité, en lait et beurre, augmente d'un quart environ du 1er mai au 1er juin, et d'un cinquième du 15 septembre au 15 novembre, à cause de la forte quantité de feuilles de betteraves dont on dispose à cette époque et qu'elles consomment à l'étable.

A partir du 15 décembre au 1er avril, le produit est insignifiant. Il faut aussi remarquer que le lait de chaque vache est employé à nourrir les veaux jusqu'à ce qu'ils aient atteint l'âge de cinq semaines, ce qui diminue aussi le rendement en beurre.

M. Dormal engraisse tous les ans neuf bœufs. L'hiver prochain, on en soumettra onze à l'engraissement. Les animaux sont en bon état au bout de quatre mois, et on les vend. Ces bœufs reçoivent quatre rations; les trois premières sont composées de 24 kilogr. de pulpe sèche, à laquelle on mélange 2 kilogr. de tourteaux de colza. Le quatrième repas est formé de 10 kilogr. de betteraves auxquelles on unit 1 kilogr. de farine de lin. Leur râtelier est constamment garni de paille d'avoine; ils n'ont que très-peu d'eau.

M. Dormal a tenu, jusqu'en 1856, un troupeau de moutons de 180 têtes. Ils rapportaient par tête, année commune, un produit en laine se vendant fr. 7 à 8; aujourd'hui, cette valeur ne peut pas être estimée à moins de fr. 10. On pouvait vendre tous les ans un quart du troupeau à raison de fr. 25 par tête; mais comme les animaux destinés à la vente étaient préalablement engraissés, on en obtenait fr. 37. Cet engraissement a été exécuté pendant longtemps au moyen de betteraves et de farine de lin; la dernière année, on a employé de la pulpe avec une même addition de farine de lin. M. Dormal a abandonné cette spéculation pour plusieurs motifs : 1° parce que si l'on veut remplacer par des élèves ce qui disparaît annuellement par l'engraissement, il faut faire pâturer les froments, ce qui est quelquefois très-nuisible. On pourrait objecter à cette opinion qu'on peut remédier au manque de fourrages par la création de pâturages ; mais dans un pays aussi avancé, où la terre est si chère, la production de la laine ne pourrait guère constituer une spéculation économique ; il n'y a plus de jachères, les communaux dont on peut profiter dans beaucoup de localités n'existent pas dans ces conditions ; 2° il fallait au moins 5 hectares de petit trèfle, et on trouve une large compensation à y substituer des betteraves ; 3° le troupeau devait être mis sur les chaumes après la moisson, ce qui contrariait beaucoup les travaux de déchaumage ; enfin leur entretien pendant l'hiver exigeait aussi une forte somme de nourriture.

M. Dormal vend annuellement environ 28,000 à 30,000 kilogr. de froment. Le seigle est à peu près consommé entièrement dans l'exploitation. Quant aux betteraves, on peut les vendre approximativement à raison de fr. 22 et recevoir un dixième de pulpes, ou bien les livrer aux fabriques de Saint-Trond à raison de fr. 27, mais sans recevoir de pulpes. Évidemment les transports restent à la charge du cultivateur.

C'est là le système cultural de la Hesbaye. Les plantes cultivées sont donc en petit nombre ; on s'adonne principalement à la culture des céréales. Les féveroles, l'orge, etc., ne sont obtenues que sur une étendue très-restreinte.

La richesse du sol est telle que le froment, qui couvre la majeure partie des terres, y verse presque chaque année. L'admission, dans la culture, de quelques plantes industrielles, le colza surtout, qui y trouverait un sol convenable, serait certainement une introduction des plus importantes. Déjà la nécessité d'adopter un système d'exportation plus étendu a fait recourir à ces cultures dans quelques localités. Comme le colza donne un produit d'une valeur assez considérable sous un faible volume, il pourrait supporter les transports que son écoulement exigerait, car il est certain que dans les premiers temps on utiliserait difficilement la graine sur place, particulièrement dans certains points de la contrée, si on voulait en retirer le produit principal. Seulement, un point qui est bien de nature à retarder ou du moins à gêner leur adoption, c'est que le colza et d'autres plantes semblables sont des cultures nécessitant une main-d'œuvre abondante, qui est rare en Hesbaye, et qu'on devrait toujours former, car, jusqu'ici, on n'a pas trouvé le moyen de suppléer aux hommes par le travail des animaux dans les récoltes de ce genre.

L'après-midi, nous quittions Landen pour aller loger à Hannut. Nous visitions en passant la sucrerie de M. Wauthier à Cras-Avernas.

Les betteraves étaient peu avancées; elles montraient seulement la première feuille, et déjà on leur donnait un premier binage au moyen d'une houe à cheval légère tirée par un bœuf et conduite par un jeune garçon. Elle faisait un excellent travail, le sol était dans un état moyen de sécheresse, les mauvaises herbes périssaient immédiatement sous la chaleur du soleil. Plus tard, on supprime les plants qui doivent disparaître, au moyen d'une petite binette à main.

Les semis s'effectuent à l'aide d'un semoir porté sur deux roues et traîné par un cheval. C'est en quelque sorte un *semoir à capsule* multiple. Trois capsules renfermant les graines sont mises en mouvement par un axe commun qui les traverse, et qui reçoit lui-même le mouvement par une courroie s'enroulant sur une petite roue que porte l'essieu de l'instrument. Un tube, communiquant avec la capsule et formant coin à sa partie inférieure, laisse tomber la graine dans la raie qu'il ouvre. Une lame de fer qui vient ensuite, la recouvre uniformément. Un aide conduit le cheval par la bride; arrivé au bout de la pièce, l'ouvrier qui dirige l'instrument le soulève et il tourne à cul pour recommencer un nouveau train. Il doit toujours avoir soin de maintenir la roue qui est du côté de la partie semée sur la dernière raie qu'il vient de tracer. Les lignes sont espacées de trente à trente-cinq centimètres.

Les semis de betteraves s'exécutent de la même manière que chez M. Dormal. Chez ce fermier on ne craint pas de rouler les betteraves lorsqu'elles ont atteint une hauteur de cinq centimètres et même plus, dans les temps de sécheresse.

Le lendemain, c'est-à-dire le dimanche, nous sommes allés à Huy et de là à Liége, par bateau à vapeur.

En sortant de Liége, le lundi 17 mai, nous avons vu la houblonnière de M. Pirotte, près de l'hospice du Cornillon. En général, les houblonnières sont peu soignées dans les environs de Liége; leur produit est de qualité inférieure. Dans la houblonnière de M. Pirotte, les lignes sont distantes de 2 mètres 10 centimètres; les plantes sont également espacées de 2 mètres 10 centimètres dans les lignes. Les perches sont de chêne; il y en a deux à chaque pied. Des perches plus petites conduisent les jets aux premières.

En passant à Fléron, nous sommes entrés chez M. J. Tixhon, constructeur d'instruments aratoires, qui nous a dit avoir construit plusieurs machines à battre. Nous avons surtout remarqué un trisoc bien construit, analogue à celui que nous avons vu chez M. Dormal.

Nous approchons insensiblement du pays de Herve où l'on s'occupe, comme dans tous les pays de pâturages, des soins du bétail et de la laiterie.

### PATURAGES DE HERVE. — FERME DE M. BERRENS, A XHENEUMONT-BATTICE.

Arrivés à Herve, centre commercial de cette région pastorale, nous nous sommes rendus chez M. Berrens, qui est, sans contredit, l'un des praticulteurs les plus habiles de la localité.

Sa ferme est composée de 11 hectares 80 ares de prairies naturelles. Ces prairies sont d'un très-bel aspect, exposées au nord et plantées en partie d'arbres fruitiers. L'herbe est fine, succulente, donne un lait savoureux; elle est moins propre à l'engraissement des animaux. Les prairies sont toutes séparées au moyen de clôtures de haies vives d'aubépine, dans l'épaisseur desquelles on remarque des frênes et des saules en têtards devant donner du feuillard dans les étés secs où le bétail ne peut trouver une nourriture suffisante dans les prairies.

Le tiers de la surface des prairies est fauché. Le regain est toujours pâturé. Les prairies sont fauchées trois ou quatre années, puis on les livre à la pâture pendant six ans. Cette alternance dans le mode d'exploitation des prairies est très-favorable au maintien d'un bon gazonnement.

Il y a un abreuvoir près de l'étable.

Pendant l'hiver, il y avait 10 têtes de bétail dont 14 vaches laitières, 4 génisses et 4 veaux. On rencontre quelques vaches hollandaises dans les pâturages de Herve, ainsi que des croisements Durham avec la race locale.

M. Berrens n'a qu'une vache hollandaise. La meilleure du troupeau rend de 18 à 20 litres de lait après le vêlage. Chaque vache donne environ une livre de beurre par jour. On en rencontre parfois qui donnent 1 kilogr. de beurre par jour, mais elles sont rares. Celle qui donne une livre de beurre est considérée comme bonne, et on la conserve. M. Berrens nous a montré une Durham pur sang de 5 ans, et qui, après son premier vêlage, a donné 12 litres de lait, rendant environ trois quarts de livre de beurre par jour. Ce cultivateur prend pour guide, dans le choix de ses vaches, le système Guénon; la plupart de celles qu'il possède sont bien caractérisées pour leurs qualités de bonnes laitières. Il attache peu d'importance aux contremarques.

On n'élève jamais plus de quatre veaux; les autres sont vendus à la naissance; ils pèsent alors 30 kilogr. et on en obtient fr. 10. On trouve plus avantageux de faire consommer le petit-lait par les veaux que par des porcs. On tient deux de ces animaux pour la consommation de la ferme.

Les vaches grasses sont vendues à la fin de l'automne. Pendant l'hiver, les vaches sont tenues sous un régime de stabulation permanente et ne reçoivent que du foin; elles couchent à sec sur le pavé de l'étable; tout le sol étant en prairies, on ne possède pas de litières. Cette étable est ancienne, sans citerne. Les bouses sont enlevées chaque jour et portées à proximité de l'étable où on en forme un tas sur lequel on jette les urines; on remue bien le tout. Ce fumier est transporté sur les prairies à un moment convenable et répandu avec soin.

Le propriétaire refuse d'établir une citerne pour recueillir les purins. Le cultivateur ne peut nécessairement la faire construire à ses frais; il paraît comprendre l'amélioration qui en résulterait pour la fertilité de la ferme. Nous lui conseillions de creuser une fosse en dehors de l'étable et de la couvrir au moyen de madriers ou de branchages. Il atteindrait ainsi, jusqu'à un certain point, le résultat qu'il désire. Nous avons su que, dans quelques fermes du voisinage, on se servait avantageusement de grands tonneaux enterrés, pour recueillir les purins. Les vaches sont mises dans les pâturages du 1er au 15 mai, suivant que la végétation est plus ou moins avancée. Elles y restent constamment jusqu'à la fin de la saison ; quelquefois on est obligé de les rentrer en été, lorsque la sécheresse est trop grande. Trois fois par jour, on va traire les animaux à la prairie. Chaque jour les bouses déposées dans le courant de la journée sur les prairies sont étendues soigneusement au moyen d'une pelle. On ne néglige jamais de faire cette opération le soir.

## FROMAGERIE DU PAYS DE HERVE.

Tout le lait des vaches est utilisé pour la fabrication du fromage. On le prépare dans une cave fraîche, exposée au nord et dans laquelle on peut faire du feu.

On trait trois fois par jour. La moitié du lait de la traite du soir est un peu écrémée le matin et mélangée avec celui de la traite du matin; l'autre moitié est écrémée à midi, et mélangée avec le lait de cette seconde traite.

Après la seconde traite, le lait est versé dans une tinette de bois, de cuivre étamé ou de fer-blanc bien propre et nommée *prihielle* (0,30 centimètres de hauteur) où on le fait cailler en y ajoutant 2 cuillerées à soupe de présure (caillette de veau) pour un fromage, ou bien on laisse monter la crème préalablement, si on veut faire des fromages maigres.

Pour préparer la présure, on fait cuire deux litres d'eau avec environ 12 à 15 grammes de sel. Le liquide refroidi, on y met une caillettte de veau conservée pendant un an et bien sèche, jusqu'à ce qu'elle soit ramollie.

On a ainsi de la présure pour quelques jours. On la conserve dans un pot fermé par un couvercle de bois. Il est bon de le faire quelques jours d'avance.

Le caillot se retire le matin suivant, pour être introduit dans un cajot ou moule de forme cubique et d'une capacité d'environ 3,50 litres ; il est formé de planches bien assemblées et percées d'ouvertures pour l'écoulement du petit-lait.

Quand le petit-lait est en partie écoulé, on renverse le cajot sur une table horizontale A B C D, munie de séparations mobiles $m\ n$, $m'\ n'$, $m''\ n''$, en planches, que l'on écarte ou rapproche à volonté au moyen de petits coins de bois *c c c*,...... ; *s*, *s*, *s*, sont des traverses mobiles entre les planches longitudinales de séparation, et qui ont pour fonction de déterminer l'espace nécessaire à un fromage suivant le degré de pression qu'il a déjà subi. Ces traverses avancent ou reculent à volonté et sont maintenues dans une position fixe par les traverses $m\ n$, $m'\ n'$, $m''\ n''$, etc.

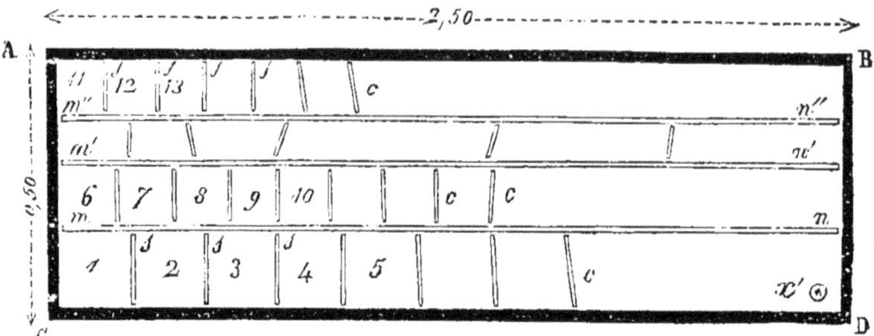


Le fromage au sortir du cajot est en partie égoutté ; il est renversé sur cette table, et on lui fait occuper l'espace n° 1 dans lequel il est emprisonné et comprimé pour que le petit-lait s'en échappe. Sous les fromages se trouvent des fragments de tige de *poa cœrulea* (1) (*melica, œnodia*) graminée qui ne présente qu'un nœud à sa base. Ces portions de tiges facilitent l'écoulement du petit-lait qui descend ensuite le long de la table, qui est affectée d'une légère pente, pour se rendre à l'ouverture *x* où on le recueille. Tous les fromages, fabriqués le même jour, se placent à la suite l'un de l'autre de manière à occuper les espaces 1, 2, 3, 4...; le lendemain, on leur fait occuper les intervalles 7, 8, 9..., du compartiment suivant. Là, ils sont pressés davantage que le premier jour, afin de provoquer la disparition du petit-lait restant. Le surlendemain, ces mêmes fromages occupent les espaces 11, 12..., du troisième compartiment, où ils reçoivent une pression plus forte encore, afin de les débarrasser le mieux possible du petit-lait.

Après avoir été pressés ainsi pendant trois jours et à trois reprises différentes, les fromages sont enlevés pour être salés. Le sel servant à cette opération est réduit en poudre assez grossière; on frotte toutes ses faces avec du sel à l'aide de la main, de manière qu'il en retienne. Après la salaison, qui dure plusieurs jours, on pose les fromages dans une autre cave, sur des planches disposées en rayons les unes au-dessus des autres et de manière à ne pas trop les serrer pour que l'air circule facilement et frappe chacune de leurs faces. Chaque jour, tous les fromages sont lavés avec un linge de toile pour enlever le

(1) Cette plante est désignée sous le nom de *kneff* par les cultivateurs de ce pays.

petit-lait et l'humidité rejetée par le sel. Ces manipulations d'affinage durent environ six semaines, après lesquelles les fromages sont vendables.

C'est là le procédé employé pour obtenir un fromage fin, particulier, de forme cubique et nommé dans le pays *remoudou*. 3 litres de lait suffisent pour un fromage pesant environ 420 grammes. Le lait de la traite du soir donne un fromage plus fin et plus riche en matières butyreuses.

On prépare également dans le pays de Herve un autre fromage, plus volumineux, et qui est moins recherché que le précédent.

Au moyen d'une règle graduée, on détermine la quantité de lait que contient un réservoir dans lequel on le met ordinairement. Le lait étant pur, il en faut 7,20 litres pour obtenir un fromage du poids de 875 grammes; lorsqu'il est entièrement écrémé, il en faut 8,4 litres pour un fromage de même poids.

Le lait est chauffé et mis dans des tinettes. On y ajoute la présure nécessaire pour le faire cailler, ce qui dure environ deux heures. On remplit ensuite les cajots trois fois; la dernière fois, on remue bien la masse de lait au moyen d'une louche, en ayant soin de pénétrer jusqu'au fond, pour ramener le dépôt formé à la surface et faciliter l'écoulement du petit-lait.

Après un séjour d'une heure dans les cajots, le caillé est déposé sur la table dont on a parlé plus haut et on comprime fortement. Le quatrième jour, le fromage est enlevé de la table et salé. On sale à deux reprises différentes; le lendemain du jour où il a reçu du sel pour la première fois, on le laisse reposer; le troisième jour, on sale de nouveau, et le jour suivant on laisse écouler l'eau qui a dissous le sel. On lave les fromages dans la saumure qui s'est écoulée de la table de salaison, puis on le fait sécher dans un endroit bien propre et parfaitement aéré, souvent sur l'appui extérieur des fenêtres. Ils sont suffisamment séchés au bout de quinze jours ou trois semaines, suivant que la température est plus ou moins élevée.

On les lave avec la main deux fois par semaine, et plus souvent s'ils deviennent blancs, en les mouillant et les frottant avec un peu d'eau de pluie fraiche. Après cela on les rapporte dans une cave aérée pour les faire mûrir. On les lave encore une fois par semaine, et même plus souvent s'ils deviennent blancs. Ces fromages peuvent être vendus au bout de trois mois.

Le sel que l'on emploie dans cette fabrication est pulvérisé chez M. Berrens au moyen d'un appareil très-simple formé d'un cylindre de bois dur et à surface rugueuse : le sel est mis sur une planche inclinée, dont la partie inférieure est écartée du cylindre de 0,005 millim. environ. Le sel descend dans cette rainure et y est réduit en poudre grossière par le mouvement de rotation que l'on imprime au cylindre par l'intermédiaire d'une manivelle. On emploie 300 livres de sel pour 1,400 fromages de 875 grammes.

M. Berrens convertit les pommes en sirop. Il a aussi employé les tubercules du topinambour dans le même but; le sirop que l'on en obtient est d'une qualité au moins égale à celui des pommes et il donne un rendement plus élevé, estimé à 3 p. c. Les pulpes sont données aux cochons.

Malgré toutes les causes qui agissent d'une manière aussi frappante sur le renchérissement du prix des terres, qui poussent à concentrer sur des surfaces restreintes une série de moyens capables de retirer du sol tout ce qu'il est possible d'en obtenir, dans un temps donné, le pays de Herve conserve le système pastoral pur. Au premier aperçu, on serait porté à croire que sa situation au centre d'un pays riche, à débouchés nombreux, demanderait une culture intensive. Cependant il n'en est pas ainsi; il doit donc être, selon l'expression de Schwerz, le système le plus économique; le produit net doit surpasser encore celui qu'on pourrait obtenir de la culture arable, soit parce que l'herbe est de qualité supérieure, soit parce que le terrain est si accidenté, que le pâturage est ce qu'il y a de mieux.

### FERME DE M. ADOLPHE SIMONIS, AU TONNELET, PRÈS DE SPA.

Nous sommes restés le lendemain à Verviers. Nous avons visité les environs, et le 21, nous sommes partis pour Spa.

En sortant de Spa, nous sommes allés voir une ferme en construction appartenant à M. Adolphe Simonis, président de la section agricole de Verviers, située au Tonnelet, près de la ville. Les terres à exploiter sont en grande partie non défrichées. Les bâtiments, à peine achevés, sont élégants et bien disposés ; ils sont l'œuvre de M. Thyrion, architecte à Verviers.

Les hauteurs qui dominent Spa au sud, et que l'on nomme Fagnes, sont couvertes de bruyères ; quelques parties paraissent assez bonnes. On voit des pâturages, pauvres il est vrai, autour des habitations, mais qui cependant peuvent déjà entretenir de petits animaux capables d'amener insensiblement une amélioration. Ces landes sont très-vastes ; quelques habitations s'y trouvent dispersées.

## DÉFRICHEMENTS DE M. DELEXHY A STAVELOT.

On observe, à vingt minutes de Stavelot, des travaux de défrichement qui s'étendent sur une surface de 120 hectares environ et entrepris cette année par M. Delexhy, de Grâce, près de Liége. Une grande partie des terrains a été écobuée et sera ensemencée probablement avant l'hiver ; le reste de la portion labourée l'a été au moyen de la charrue, qui a entamé la bruyère à une profondeur de 15 à 20 centimètres. Les semis effectués jusqu'à présent ne sont que des essais ; on a expérimenté sur l'avoine, le sarrasin, l'orge, les pommes de terre, les pois, etc.

On doit s'approvisionner de chaux à Theux, c'est-à-dire à une distance de 20 kilomètres ; elle est déposée en un tas près de la route, exposée aux influences atmosphériques. La chaux délitée est transportée et répandue sur la bruyère. Le premier labour l'enterre ; elle est ainsi maintenue en contact immédiat avec la bruyère ou le gazon.

La seule construction qui y existe est faite de gazons et genêts; elle sert à loger les chevaux. Il n'y avait pas encore de moutons.

## EXPLOITATION DE M. WAUTHIER, DE CRAS-AVERNAS, A LA FERME DITE DU CHATEAU, A STAVELOT.

Nous nous sommes ensuite rendus à une exploitation appartenant à M. Wauthier, de Cras-Avernas, qui a été acquise l'année dernière pour une somme de fr. 127,000.

Elle comprend une étendue de 175 hectares, situés en partie sur le versant d'une colline et en partie sur la hauteur à l'exposition du nord. La direction en a été confiée à M. Pirard, ancien élève de l'École d'agriculture d'Ostin.

Le sol est facile à travailler; certaines parties, quoique drainées au moyen de canaux de pierre, sont parfois gorgées d'humidité; la pente de ces terrains se prête à l'assèchement.

De jeunes sapins couvrent une portion de la bruyère; ils ont été presque étouffés par les genêts qui y croissaient et qu'on a enlevés cette année. Une autre étendue assez grande de la fagne était occupée par des genêts, qui ont été vendus à 6 fr. l'hectare.

Un chemin très-montueux, mais en bon état, conduit de Stavelot à l'exploitation, qui en est éloignée d'un kilomètre. Les constructions existantes consistent en une grange, une étable très-vaste, la bergerie et la maison d'habitation.

Cinquante hectares étaient en culture depuis quelques années, lorsque M. Wauthier fit l'acquisition de la ferme; ils se composaient de 25 hectares environ de prairies donnant des produits satisfaisants pour la localité. Le reste était soumis à des cultures annuelles et se trouvait en bon état de fertilité. Les prairies et les terres arables recevaient auparavant le fumier produit par 40 à 50 bœufs que l'ancien propriétaire engraissait chaque année. Les terres arables ont reçu du seigle, des pommes de terre fumées en partie avec de l'engrais de ferme et de la colombine, de l'avoine, des vesces, etc. On avait semé l'automne dernier du trèfle incarnat; il leva, mais disparut lorsqu'il eut atteint une hauteur de cinq centimètres.

Le défrichement avance rapidement; il s'exécute au moyen de forts araires, tirés par quatre bœufs et pénétrant à une profondeur moyenne; la bruyère étant retournée, on applique souvent de la chaux, d'autres fois de la colombine et l'on herse fortement. On sème du seigle ou de l'avoine, suivant la saison, avec des résidus de grenier, trèfle, etc.; on roule, lorsque les semailles réclament cette opération, au moyen d'un fort rouleau de pierre, attelé de bœufs; il fait un très-bon travail.

Le trèfle, semé dans le seigle avec d'autres herbes de prairies, commence à lever; le seigle apparait irrégulièrement.

Tout le travail de la ferme est exécuté au moyen de

douze bœufs qui reçoivent une nourriture composée de foin et de paille hachée; chacun d'eux reçoit en outre 5 kilogr. d'avoine, dont un est moulu. Ceux que l'on ne veut pas conserver sont envoyés à Cras-Avernas avant l'hiver, où on les engraisse. Il en est de même des moutons, qui actuellement sont au nombre de 180. — On entretient 17 vaches laitières qui pâturent au piquet dans une prairie de la ferme; elles passent la nuit au pâturage.

Si nous comparons un instant les deux exploitations dont il est question en dernier lieu, nous voyons que, dans la première, le sol est encore en bruyère, tout est à faire. On doit retarder tout espoir d'obtenir du fumier sur la ferme au moins pendant un an, à moins d'acheter des fourrages, ce qui n'est guère possible. Le seul fumier que l'on reçoive est celui des chevaux tenus pour les travaux. Dans la seconde, l'amélioration est plus assurée, les éléments de la réussite sont établis, il s'agit de savoir les mettre en œuvre. En effet, une partie de l'exploitation donne des fourrages, et pourvu que l'on maintienne sa fertilité en lui consacrant périodiquement une restitution, elle peut fournir à un certain nombre d'animaux une nourriture assurant une production d'engrais qui élèvera insensiblement le reste du domaine à un état de fertilité supérieur. Il est urgent, dans des prairies établies dans ces conditions, de communiquer à l'herbe une vigueur en rapport avec la fertilité du sol, car la bruyère ne tarderait pas à reparaître. Outre les prairies, une autre portion est en terres arables depuis quelques années et fournit d'autres produits. On veut convertir le domaine en une vaste pâture, et dès la première année, on cherche à étendre l'engazonnement sur la plus grande surface possible; on veut donc s'adonner à l'élève du bétail, ce qui paraît en rapport avec les exigences économiques du lieu.

### DÉFRICHEMENTS DE LA FERME DES CONCESSIONS A VIEILSALM.

Le lendemain, nous avons pris la route de Vieilsalm pour nous rendre à la ferme des concessions qui est située à 10 kilomètres de ce village.

Cette exploitation appartient à M. le comte de Cornelissen et est dirigée par M. Harondar, ancien élève de l'École d'agriculture de Verviers. Lorsque M. le comte de Cornelissen en fit l'acquisition, elle fut garnie d'un matériel considérable; tous les instruments perfectionnés s'y rencontraient; la plupart n'ont guère été employés.

Les terres étaient dans un grand état de pauvreté lors de la reprise de l'exploitation par le nouveau régisseur. Le premier soin de M. Haroudar, en cette occasion, fut de profiter des terres défrichées; il fit des pâtures mais, comme les graminées et autres plantes employées à les former doivent trouver un sol pourvu d'une certaine richesse, et que celui-ci était épuisé, ses pâtures sont médiocres et ne conviennent qu'aux moutons. Le trèfle est d'une assez belle venue. On entretient des vaches laitières. On engraisse aussi quatre bœufs.

On s'accorde généralement à dire que les travaux sont

dirigés avec beaucoup d'habileté. L'exposition des terres est assez favorable ; le sol paraît de bonne nature, il est bien ameubli et bien nettoyé des mauvaises herbes.

Cette exploitation est isolée, loin de tout centre habité ; les transports sont onéreux. Dans cette situation, il est facile de comprendre qu'il convient d'adopter un système extensif; il faut créer des produits de vente d'un transport facile ou se transportant eux-mêmes. C'est le but que l'on poursuit. On a adopté le système pastoral mixte avec pâture cultivée.

Ici se termine l'excursion. Nous allons compléter ce rapport par un parallèle entre les défrichements de la Campine et ceux de l'Ardenne.

## PARALLÈLE ENTRE LES DÉFRICHEMENTS DE LA CAMPINE ET CEUX DE L'ARDENNE.

Il n'y a pas bien longtemps encore, l'industrie agricole s'exerçait sur des terrains qui étaient mis en culture depuis longues années et dont l'étendue était jugée suffisante pour subvenir aux besoins de la consommation. Alors, elle s'attachait uniquement à créer les matières qui étaient de première nécessité. Plus tard, les exigences se multiplièrent, on reconnut que les moyens de production devaient s'étendre ; la chair des animaux, surtout dans certains pays, s'introduisit pour une plus forte proportion dans l'alimentation, et on perfectionna les races domestiques en les appropriant aux demandes ; l'augmentation du prix des subsistances vint se joindre à ces causes, on reconnut la nécesité de livrer à la culture des terrains jusque-là incultes qui, placés sous l'influence des capitaux et de l'industrie privée, dans un pays qui s'enrichit, devaient donner naissance à de nouvelles sources de bénéfices, tout en assurant la subsistance de la nation.

D'ailleurs, sous l'influence d'une industrie manufacturière et d'un commerce florissants, d'une population qui s'accroissait chaque jour, et dont les besoins devenaient plus nombreux, la valeur des anciennes propriétés cultivées devait s'accroître, et l'idée d'étendre le domaine agricole devait naître. La connaissance de plus en plus complète de nouveaux procédés de culture sanctionnés par l'expérience, l'utilisation de la betterave pour obtenir le sucre sur le continent, les mesures diverses que les gouvernements prirent pour seconder l'industrie et l'agriculture en introduisant des instruments nouveaux, en propageant des découvertes, en multipliant les moyens d'instruction, en créant des comices, etc., donnèrent à l'industrie agricole une vie nouvelle toute progressive.

Notre pays ne resta pas étranger à cette marche dans laquelle venaient de s'engager les contrées voisines. Toutes les idées furent animées d'une même tendance, la recherche des moyens de mettre en culture les bruyères que présentaient certaines parties de notre pays.

Deux localités très-importantes en Belgique, par l'étendue qu'elles occupent, ont spécialement fixé les vues de ceux qui voulaient se livrer à ces améliorations. L'une est la Campine, la seconde est l'Ardenne. Quoique peu éloignées l'une de l'autre, elles offrent des différences essentielles sous le rapport du climat, du sol, des débouchés, de leur valeur relative, etc. Nous allons examiner chacun de ces points.

La Campine se fait remarquer par un climat plus uniforme, plus tempéré, par suite du voisinage de la mer qui rend l'atmosphère plus humide et des vents qui arrivent chargés de vapeur d'eau de la contrée qui la borne au nord. Les vents dominants en Campine sont ceux d'ouest et du nord-ouest. Sa surface présente des monticules de sable et des bois généralement peu élevés, dont l'action générale sur le sol, comme pouvant modifier les effets des agents météoriques, doit être assez restreinte.

L'Ardenne, au contraire, est plus soumise aux variations atmosphériques. Sa configuration est accidentée, les parties non défrichées sont couvertes de bois ou de bruyères. Les vallées sont sujettes aux changements brusques de température qui compromettent les récoltes; des brouillards froids s'élèvent des eaux qui y circulent. Les hauteurs sont froides pendant une grande partie de l'année, les températures extrêmes s'éloignent beaucoup; enfin son climat est plus rigoureux, ce qui résulte, du moins partiellement, de son altitude et de ce que le sol est inculte; l'absence d'abris rend les vents du nord et de l'ouest dangereux pour les situations directement exposées à leur influence.

Quant au sol, il diffère aussi essentiellement en Campine et en Ardenne, et il aura toujours une influence majeure sur la détermination du cultivateur. Dans la première contrée, le sol est sablonneux, facile à travailler, souvent d'une richesse très-médiocre par les bruyères qui y ont végété. Par sa nature, il est donc frais, pouvant se travailler tard en automne, et tôt au printemps, dans les parties où l'eau peut trouver un écoulement. Il existe en certains endroits une couche rétentive argileuse, à une profondeur variable; le tuf s'y rencontre également, mais ne forme pas une couche continue. La maturation des récoltes est plus régulière; dans certaines parties, les ensablements sont à craindre. L'établissement d'abris bien combinés serait de la plus haute importance en Campine; on préviendrait ces transports de sable, on favoriserait donc la croissance des plantes qui couvrent le sol.

Le sol de l'Ardenne présente de nombreuses variations. Cependant, on peut dire que généralement les terres provenant des défrichements de bruyères sont très-meubles, légères, d'une coloration brune, souvent rougeâtre; elles sont formées par la désagrégation du schiste. Le sous-sol présente la même composition que le sol, mais, tandis qu'ici le schiste est divisé, délité, par les influences atmosphériques, là, il présente une certaine compacité et s'oppose quelquefois à la filtration de l'eau. Par la culture, le sol acquiert plus de consistance; à la surface apparaissent souvent des roches pouvant susciter des frais considérables pour leur enlèvement. Le sud de l'Ardenne est plus fertile, le sol est d'une nature différente; on est d'ailleurs à proximité des carrières, les chaulages sont plus faciles. Les abris seraient aussi d'une utilité incontestable en Ardenne.

Les débouchés constituent un des plus puissants stimulants de l'agriculture; ils déterminent en grande partie le prix des produits. La Campine est plus favorisée sous ce rapport, et sa topographie ainsi que sa situation entre des pays riches et prospères auront pour résultat, dans un temps peu éloigné, de voir multiplier les routes, les canaux, les chemins de fer, qui donneront un accès facile aux parties les plus reculées de cette solitude.

L'élève du bétail, en Campine, constitue une spéculation avantageuse; la race campinoise est rustique, s'accommode d'une nourriture peu substantielle et fournit un bon lait; le bœuf y est aussi employé pour le travail du sol. On observe aussi quelques troupeaux de bêtes à laine dans cette contrée. Les produits des céréales y ont un débit assez avantageux.

Quelques produits trouvent en Ardenne un débouché constant : ainsi le jeune bétail est d'une vente facile, le débouché du bétail est, d'ailleurs, étendu partout, parce qu'il transporte lui-même sa valeur. Les chevaux ardennais jouissent d'une réputation acquise; l'espèce porcine est fort recherchée pour la boucherie, ainsi que l'espèce ovine. Un effet analogue existerait pour des produits de quelques plantes industrielles, qui supporteraient encore de longs transports si l'absence de fertilité du sol ne s'opposait à leur culture. Cette observation ne s'applique pas entièrement aux céréales et surtout à l'avoine, qui semble l'unique récolte que l'on puisse obtenir et qui encombre les marchés à tel point, que son prix est généralement très-déprécié. Les transports difficiles, longs, restent à la charge du producteur et diminuent le produit net. Le chemin de fer aura pour résultat de faire cesser un état de choses si préjudiciable à l'agriculture de cette région.

La production des bêtes ovines a longtemps servi et sert encore à utiliser les vastes bruyères dont le sol ardennais est recouvert.

Il existe des moyens de communication en Ardenne, mais quoi qu'on fasse, ils seront toujours très-onéreux, par suite des détours qu'ils doivent faire pour suivre l'axe des vallées ou par les inégalités du sol.

Le canal qui traverse la Campine offre au cultivateur de cette contrée la faculté de se procurer facilement des engrais dans les grandes villes. Les denrées de vente jouissent des mêmes moyens de transport.

La population peut être insuffisante en Campine; cependant il existe des bras oisifs en abondance dans les Flandres; la langue est la même dans les deux pays et on ne peut douter, si le travail est constant et suffisamment rémunéré, que le vide ne soit rapidement comblé.

En est-il de même en Ardenne? Quoique dans ce pays la population soit rare, il existe des localités plus ou moins populeuses où la main-d'œuvre ne manque pas. On formule cependant des plaintes contre le manque d'ouvriers; mais il tient moins à l'absence réelle qu'à l'inaction dans laquelle reste le petit cultivateur qui a terminé son travail et à l'espèce de nonchalance qui caractérise l'habitant des landes. Cependant il est très-probable que cette insuffisance de bras deviendrait réelle si les défrichements s'étendaient sur de grandes surfaces et s'ils s'appuyaient sur le travail.

Quant à cette autre question, fondamentale partout, l'obtention des engrais, elle se résout plus difficilement dans les Ardennes qu'en Campine. Disons d'abord que dans les deux pays on doit s'attacher à les créer sur place. Cette production dans la ferme dépend en grande partie de l'aptitude du sol à produire des fourrages. La Campine nous montre que, dans les terrains bien traités, les fourrages peuvent donner de très-beaux résultats. La bruyère, convertie en prairie irrigable, bien entretenue, donne un premier moyen de se procurer des engrais. Le trèfle, avons-nous vu, est regardé comme prospérant dans ces sols; les graminées surtout et d'autres récoltes peuvent fournir de bons produits. Les pâtures sèches sont toujours une ressource importante là où le sol a peu de valeur.

Mais s'il est préférable de se livrer soi-même à la production des engrais, il ne faut pas non plus négliger de profiter des moyens qui peuvent être à notre portée et que l'on peut employer avantageusement. C'est ce qui s'observe en Campine : aucun cultivateur ne néglige de faire le sacrifice annuel d'une certaine somme qu'il consacre à l'acquisition de boues de rues des villes d'Anvers et de Liége, ou de gadoue. Ces boues fertilisent le sol et ont encore pour effet de lui communiquer plus de consistance et des éléments nouveaux, lorsqu'on sait approprier leur choix à la nature du terrain qui doit les recevoir. Ainsi les boues de Liége amènent la chaux au sol et agissent comme amendement en même temps qu'elles lui donnent plus de richesse. Le guano est utilisé sur une grande échelle en Campine ainsi que d'autres matières fertilisantes. L'Ardenne est bien moins favorisée sous ce rapport. Cependant elle n'est pas sans pouvoir produire des plantes fourragères. Un sol qui ne souffre pas de l'humidité, qui n'est pas sali de mauvaises herbes et qui est pourvu d'un peu de fertilité, pourra donner, ici comme en Campine, de bonnes récoltes de trèfle. Le trèfle blanc sert avantageusement pour établir des pâturages. — La terre possède une grande propension à l'enherbement et les pâturages naturels doivent prendre de l'extension.

D'autres plantes encore seront cultivées avec fruit dans ces sols ; tels sont la lupuline, le navet, le rutabaga qui peut séjourner l'hiver dans la terre qui l'a produit. Divers débris, les fougères, les genêts, les feuilles, etc., dont on fait des composts avec addition de chaux, sont mis à profit avec beaucoup d'avantages dans la fertilisation des bruyères défrichées.

Quant aux plantes-racines, elles ne viennent pas bien sur des défrichements récents ; il faut généralement attendre plusieurs années de culture pour qu'elles réussissent ; cependant le navet, que l'on voit fréquemment semé dans les champs de pommes de terre, donne, dans les années favorables, des récoltes abondantes.

Les prairies irrigables que l'on rencontre le long des cours d'eau sont souvent soumises à un traitement défectueux, mais elles offrent une grande ressource au défricheur.

Quoi qu'il en soit, la possibilité d'admettre ces cultures concerne plus l'avenir que le présent, et nous pensons que le pâturage, d'où résulte la fertilité, doit être pris pour base des améliorations dans ces deux contrées de la Belgique.

Après avoir mis en regard les principaux points à prendre en considération en Campine et en Ardenne, nous devons examiner les moyens employés pour mettre le sol en état de produire et la marche générale à suivre ensuite.

La mise en culture du sol peut s'obtenir de deux maniéres différentes : Par l'écobuage ou par le défrichement à la charrue.

L'écobuage bien fait est un moyen de rendre rapidement une terre apte à produire diverses récoltes; mais c'est un moyen destructeur si le feu agit trop vivement et réduit en cendres la matière organique, et surtout si le produit de l'écobuage est rapidement exporté de l'exploitation par des récoltes épuisantes destinées à la vente. Pour continuer à produire, on doit se procurer des quantités d'engrais considérables; or, dans le début d'un défrichement, c'est précisément ce qui fait défaut. La richesse que le sol acquiert par l'écobuage doit servir à produire des fourrages. Cette opération ne devrait jamais se pratiquer dans les terres légères; elle fait rarement la base de grands défrichements dans notre pays. En petite culture, elle est plus souvent usitée : alors on tire quelquefois plusieurs récoltes qui deviennent d'autant plus chétives que l'on s'éloigne de l'époque du défrichement; on s'arrête enfin pour abandonner de nouveau le sol à lui-même, laissant à la nature le soin d'en reconstituer la richesse. Il est plus applicable dans des sols d'une grande consistance; il peut s'étendre sur de grandes surfaces.

Le défrichement à la charrue est une manière moins rapide, plus modérée, de tirer parti du sol. Par son emploi on profite mieux de sa fertilité acquise par une végétation spontanée d'un grand nombre d'années; des engrais en quantité moindre que dans le système précédent permettront l'obtention de nouvelles récoltes, surtout si on fait usage de quelque corps propre à favoriser la décomposition organique. Au reste, que l'on emploie le défrichement à la charrue ou l'écobuage, il faut ménager la richesse naturelle du sol, la conserver, et tâcher de l'augmenter par des cultures fourragères. On n'utilise pas l'écobuage en Campine, qui, d'ailleurs, n'y serait pas à sa place; on préfère conserver la couche superficielle.

Il n'en est pas ainsi en Ardenne : le terrain à convertir en terre arable est souvent écobué. Dans le sud de ce pays, le sol participe plus des qualités de l'argile, et cette opération présente moins d'inconvénients; vers le nord, le sol est plus léger, la couche arable moins épaisse; elle y est moins utile. Quelquefois, le sol est assez froid, par suite du sous-sol, formé d'une argile plastique appelée *châlon*.

L'écobuage est quelquefois une ressource très-utile,

lorsque la bruyère est vieille, et qu'il faudrait attendre longtemps sa complète décomposition. Appliqué dans certaines limites, il offre des résultats avantageux, lorsqu'il est exécuté d'une manière rationnelle et qu'on sait ménager la richesse qu'il procure.

Le défricheur doit procéder dans toutes ses opérations avec une sage lenteur; il doit mûrir ses projets avant de les exécuter et éviter les améliorations foncières qui ne seraient pas en rapport avec la valeur du sol et avec son état de fertilité.

Il est extrêmement important, dans le début d'une entreprise agricole, de n'établir que les constructions indispensables; on doit s'accommoder des constructions les plus simples, les plus économiques, d'abord parce que les capitaux sont réclamés par les opérations auxquelles on se livre, et ensuite parce que la disposition à donner aux bâtiments dépend du système que l'on adoptera.

Il découle nécessairement de ce qui précède que l'on devra apporter la plus grande circonspection dans tout ce qui a rapport à l'introduction d'instruments perfectionnés. Le système agricole, l'activité à donner à la culture, l'état de la main-d'œuvre influent sur la détermination à prendre à cet égard.

Un point qui pourra avoir été résolu, est la connaissance des plantes que le sol peut produire et quel est leur degré de réussite. Dans la condition de bruyères à fertiliser, nous avons spécialement en vue la production des fourrages, sans lesquels il est radicalement impossible d'obtenir de l'engrais. Il résulte de là que l'on doit s'attacher à connaître par quels moyens on pourra nourrir un bétail suffisant. Le premier soin de l'homme qui s'établit dans ces conditions, réside donc dans la connaissance des plantes fourragères que le sol peut recevoir. On étudiera le climat, le sol, dont la nature peut varier, en même temps qu'on s'assurera de la réussite des plantes essayées, de la possibilité d'obtenir des pâtures; on examinera le mode de culture qui répond le mieux à leurs exigences.

L'expérience ayant démontré que la production des fourrages est possible, il est un autre point qui doit attirer l'attention; c'est le choix de l'espèce de bétail par laquelle on tirera parti des fourrages obtenus. Ce choix ne peut pas être fixé arbitrairement; il dépend de la qualité de la nourriture qu'on doit lui faire consommer et des circonstances particulières du lieu que l'on habite. La nourriture peut être bonne, médiocre; il peut y avoir pénurie dans certains moments de l'année, les conditions hygiéniques peuvent s'opposer à l'adoption des bêtes à laine, etc. Dans le cas de landes à mettre en culture, il est très-rare que la nourriture permette d'introduire des animaux de race perfectionnée!

Chaque espèce de bétail peut donner lieu à des spéculations fort diverses : on sait que le bétail à cornes peut être tenu pour la production du lait, qui sera converti en beurre ou en fromage; on peut faire des élèves, l'engraissement peut-être avantageux. Il en serait de même des bêtes à laine. Toutes ces combinaisons peuvent présenter des chances de bénéfices très-variées selon les conditions spéciales de chaque exploitation ; mais un choix absolu ne peut être formé dès le principe ; il doit reposer sur la connaissance d'un ensemble de faits que le temps et l'observation seuls peuvent faire apprécier.

Toutefois, on ne doit pas méconnaître ici que l'on ne peut espérer, d'un sol de landes, des récoltes fourragères telles qu'on en obtient dans les meilleures terres du pays ; l'absence de fertilité s'y oppose. Ce serait par conséquent une fausse opération que celle qui aurait pour but d'obtenir, par l'accumulation du travail, des récoltes maxima. On ne doit pas oublier qu'ici la terre a peu de valeur et qu'on peut consacrer une grande surface pour obtenir, au même prix de revient, les produits qu'on obtient ailleurs sur une superficie beaucoup plus restreinte. Cette considération nous fait croire que des pâtures naturelles, fussent-elles très-maigres au début, sont encore une des meilleures sources pour se procurer des fourrages, parce qu'elles n'exigent que très-peu de frais, et que la terre est presque seule mise à contribution pour cette production. Pas de labours, pas de main-d'œuvre, pas de semence, pas de frais de récolte ; les animaux vont chercher leur nourriture eux-mêmes, et ils déposent sur le sol du pâturage l'engrais améliorateur. La culture extensive des fourrages sera la base de l'amélioration. La spergule, l'herbe, le foin, la paille, le lupin et les plantes qui réussissent passablement dans ces terres en période de fécondité inférieure, permettront la fabrication des engrais. Le pâturage utilisera la majeure partie

du sol, et les produits animaux seront la principale source de profit.

Il est inutile d'ajouter que les fumiers seront soumis à un traitement judicieux; on ne négligera aucun moyen capable d'en augmenter la qualité. On évitera de perdre les purins qui s'écoulent du tas, on recueillera soigneusement les substances qui peuvent en augmenter la quantité.

C'est sous l'influence d'un ensemble de circonstances qui décident de la marche progressive de l'industrie agricole, que la Campine et l'Ardenne recevront un jour l'application des moyens qui leur feront prendre une part plus active à la production. C'est surtout lorsque les conditions physiques et économiques seront modifiées, lorsque la demande sera proportionnée à l'offre, ou, en d'autres termes, lorsque les ressources de la production s'équilibreront avec les besoins de la consommation, que ces localités verront le système qui leur convient le mieux leur être appliqué; jusque-là, l'améliorateur doit marcher avec prudence en s'aidant des moyens que la nature met gratuitement à sa disposition.

La Campine, qui se prête à une culture plus variée par suite de son climat plus uniforme, de son sol en plaine, facile à travailler, de communications qui se multiplient, de débouchés qui s'amélioreront, et qui sera alimentée de bras par la Flandre, permettra de viser à une culture intensive. L'Ardenne sera toujours, quoiqu'il arrive, moins bien partagée : la topographie du pays, la nature du sol, le climat, seront des obstacles pendant bien longtemps encore à son enrichissement; son agriculture pourra devenir florissante, riche, mais elle n'atteindra jamais au degré d'intensité auquel la Flandre, par exemple, est arrivée. On pourrait donc, jusqu'à un certain point, émettre cette opinion que, dans un avenir plus ou moins éloigné, la Campine et l'Ardenne répondant aux lois qui déterminent les systèmes de culture, la première se livrera à une production variée et abondante, c'est-à-dire deviendra le siége d'une grande culture intensive, comme la Flandre est le siége de la petite culture intensive, tandis que l'Ardenne, par l'amélioration de son sol et de ses races domestiques, deviendra le centre d'une riche contrée pastorale.

Quoi qu'il en soit, nous voyons que la Campine est placée dans une position infiniment plus avantageuse que l'Ardenne. Sa situation géographique entre deux pays riches, et celle de l'Ardenne qui est reculée, en quelque sorte, sans aucun commerce extérieur, est un fait très-important et qui donnera toujours plus de prix au sol de la Campine. A côté des prairies irrigables dont nous avons parlé et dont la création a éveillé les esprits sur la valeur de ce sol, on voit s'élever des fermes dont le but est le défrichement des bruyères et leur conversion en terres arables.

L'Ardenne, quoique moins favorisée sous beaucoup de rapports, ne doit pas être considérée, lorsqu'elle sera cultivée judicieusement, comme ne pouvant reproduire avantageusement le capital qu'on lui appliquera ; au contraire, les résultats vraiment remarquables que l'on obtient dans quelques localités, prouvent qu'il est possible de transformer, avec un grand succès, son sol pauvre en un terrain très-productif.

Thourout, le [illegible] août 1857.

# TABLE DES MATIÈRES

Librairie agricole d'Émile Tarlier, à Bruxelles,

Montagne de l'Oratoire, 5.

---

# BIBLIOTHÈQUE RURALE

INSTITUÉE PAR LE GOUVERNEMENT BELGE.

**Annuaire des agriculteurs de Belgique pour 1860**, Onzième année. 1 volume de 324 pages; prix : fr. 2 00

**Arboriculture** (Manuel d'), comprenant l'étude des pépinières, la culture spéciale et la taille des arbres à fruits, précédé de notions d'anatomie et de physiologie végétales. 2 vol. avec 205 gravures. 1 60

*Le* Manuel d'arboriculture *est puisé dans le cours de M. Dubreuil et dans les livres des principaux praticiens.*

**Arpentage et nivellement** (Traité d'), par J. Leclerc et Toussaint. 1 volume avec 128 gravures et 4 planches (dont une coloriée). 1 50

**Bêtes bovines** (Traité des), appréciation — reproduction — élevage — exploitation — amélioration, par Aug. de Weckherlin, ancien directeur de l'institut agronomique de Hohenheim, conseiller intime de S. M. le Roi de Wurtemberg, traduit de l'allemand d'après la troisième édition et avec l'autorisation de l'auteur, par Adolphe Scheler, médecin-vétérinaire du gouvernement et des écuries de S. A. R. le Comte de Flandre, 2 volumes. 4 »

**Betterave** (Culture et alcoolisation de la) par N. Basset. 1 vol. de 216 pages 2 »

**Calendrier du bon cultivateur** — Manuel de l'agriculteur praticien — par MATHIEU DE DOMBASLE, augmenté de notes rédigées pour la Belgique. 1 volume de 320 pages, orné du portrait de l'auteur. (Édition interdite pour la France.) 2 50

**Catéchisme agricole**, résumé des notions les plus élémentaires sur l'agriculture considérée dans ses rapports avec les sciences naturelles, par VICTOR VAN DEN BROECK, professeur de chimie et de métallurgie à l'École des mines du Hainaut, 1 volume de 174 pages. » 75

**Champs** (Les) **et les prés**, par P. JOIGNEAUX, 2e édition. 1 volume. 1 »

**Chaux** (Emploi de la) en agriculture. 1 volume. » 20

**Chêne en taillis à écorces** (Traitement du), par J. KOLTZ, élève diplomé de l'Académie de Hohenheim, agent des eaux et forêts. 1 vol. de 88 pages et 30 gravures. » 75

**Chimie agricole et Géologie** (Manuel de), par F. W. JOHNSTON, traduit de l'anglais; édition augmentée d'un aperçu géologique, par DUMONT, membre de l'Académie des sciences. 1 volume de 400 pages avec gravures. 1 35

*L'objet que l'agriculteur praticien doit avoir en vue, c'est de recueillir, sur une étendue de terrain donnée, avec le moins de frais et dans l'espace le plus court, la plus grande quantité possible d'un produit ayant la plus haute valeur, et cela sans porter atteinte à la fertilité permanente du sol. Les sciences chimique et géologique éclairent chaque pas que le cultivateur fait dans cette voie.*

**Constructions rurales** (Manuel des); nouvelle édition sous presse.

**Cours d'économie rurale**, professé à l'Institut agricole de Hohenheim, par M. GOERITZ; traduit par Jules Rieffel, directeur de la ferme régionale de Grand-Jouan. 2 vol. in-18 de 205 et de 305 pages avec planches explicatives. 4 »

**Culture** (Manuel de), par MAX. LE DOCTE, 1 volume avec 30 gravures. » 80

**Culture maraîchère** (Manuel de), par RODIGAS, professeur d'horticulture à l'École normale de Lierre. 1 volume de 330 pages avec 54 gravures, 2e édition. 2 »

**Drainage** (Manuel de) par H. Stephens, traduit de l'anglais par D'Omalius; suivi d'une notice de J. Leclerc, directeur du service du drainage en Belgique. 1 volume avec 88 gravures. 1 10

**Drainage** (Traité complet de) — **essai théorique et pratique sur l'assainissement des terrains humides,** par J. Leclerc, ingénieur des ponts et chaussées, directeur du service du drainage, inspecteur de l'agriculture, 2e édition. 1 volume de 354 pages et 127 gravures. 2 00

**Économie** (L') **du ménage, préceptes d'économie populaire,** par Gérardi, président du comice agricole de Virton. 1 volume de 270 pages. 1 50

*Des différentes espèces de pain et de leur fabrication — soupes, potages, etc., — pommes de terre et fécules — maïs et riz — boissons économiques — cidre et poirés — vinaigres — recettes diverses — approvisionnements — falsifications — denrées importantes à introduire dans l'alimentation — culture, fabrication, usages et inconvénients du tabac.*

**Encastelure** (Mémoire sur l') par F. Defays, professeur à l'école vétérinaire de l'État. Brochure de 64 pages. » 75

**Engrais et amendements** (Traité complet des) : Engrais animaux, végétaux et minéraux, fumiers de fermes et engrais liquides, par G. Fouquet, professeur à l'école d'agriculture de Thourout, 2e édition, 2 volumes avec grav. 2 50

**Forestier** (Manuel), par Clément, agronome du Roi. 1 volume avec gravures. » 30

*On trouve dans ce travail des renseignements :* 1° sur la production forestière : *c'est-à-dire la culture, la conservation, l'utilisation ou l'exploitation des bois ;* 2° sur l'économie forestière, *qui comporte l'aménagement, l'estimation, l'organisation et la direction des forêts.*

**Fourrages — recherches sur leur valeur nutritive** et sur celle des autres substances destinées à l'alimentation des animaux, par Isid. Pierre, membre de l'institut. 1 volume de 186 pages. 2 »

**Froment** (Culture perfectionnée du), par Jethro Tull, traduit de l'anglais sur la quatorzième édition par le baron E. Peers. 1 volume. » 40

**Fumiers couverts** (Les), par le baron E. Peers. 1 volume de 76 pages. 1 00

**Graminées céréales et fourragères** (Traité des), avec des observations sur les variétés nouvelles, par V. DE MOOR, secrétaire de la Société d'agriculture et de botanique d'Alost. 1 vol. avec 205 gravures. 2 50

*L'ouvrage est divisé en trois parties : la 1re partie est consacrée à l'étude de la nomenclature des organes des graminées, des formes et des positions qu'elles affectent ; la 2e partie, outre la description complète des genres et des espèces, comprend quelques tableaux qui facilitent la recherche des tribus, des genres et des espèces ; enfin, dans la 3e partie l'auteur indique tout ce que l'on sait aujourd'hui sur les stations, les propriétés et le rendement des espèces et des variétés, d'après les observations consignées dans les meilleurs travaux récents sur l'économie rurale.*

**Il faut semer clair !** ; traduit de l'anglais de H. DAVIS ; brochure de 14 pages. » 30

**Instruments d'agriculture** (Traité des) par MAX. LE DOCTE. 1 fort volume avec 95 gravures. » 90

*Charrues — extirpateurs — houes à cheval — herses — étaupinoirs — — semoirs à cheval — semoirs à brouettes — rayonneurs — plantoirs — faux, sapes et faucilles — machines à battre — tarares — machines à nettoyer la graine à semer — instruments de fenaison — chariots et charrettes — tombereaux — machines à transporter le purin — brouettes — hache-paille — coupe-racines — machines à concasser et à broyer — barattes — machines à laver les racines — râpes — balances — bascules — supports pour meules — colliers — palonniers — traineaux — pompes — instruments de sondage — bacs à porcs — instruments pour prévenir la météorisation du bétail — terrines à lait, etc.*

**Instruments d'agriculture** (Les) **à l'Exposition universelle de Londres**, par un constructeur belge. 1 vol. avec 43 gravures. » 55

**Irrigation** (Manuel d'), par JULIEN DEBY. 1 vol. de 176 pages et 99 gravures. » 60

**Laiterie** (La). Notions pratiques sur l'art de faire le beurre et de fabriquer les fromages.—Manière de traiter le lait et la crème. Battage du beurre. Procédés de salaison et de conservation. Moyens de remédier à la rancidité, etc. ; par P. A. DE THIER, 2e édition. 1 vol. de 60 pages avec gravures. » 75

**Lin** (De la culture du) **et des différents modes de rouis-**

**sage,** par J. DEMOOR, secrétaire de la Société d'agriculture d'Alost. 1 volume de 150 pages avec gravures. » 75

*Cet ouvrage, précédé d'un aperçu historique, botanique et chimique sur le lin, contient, dans une première partie, les différents préceptes à suivre pour la culture perfectionnée de cette plante. L'auteur consacre sa seconde partie aux procédés perfectionnés de rouissage.*

**Maréchal ferrant** (Manuel du), par BROGNIEZ, professeur à l'École de médecine vétérinaire de l'État. 1 volume avec 20 gravures. » 30

**Médecin des campagnes** (Le), par le docteur Ch. MOREAU. 1 volume de 356 pages. 2 00

**Médecine vétérinaire** (Manuel de) par VERHEYEN. 1 volume de 536 pages. 2 00

**Mûrier** (Culture du) **et éducation des vers à soie,** résumé des meilleurs auteurs français et italiens, par A. RONNBERG, président du premier district agricole du Brabant. 1 volume avec 43 gravures. 1 »

**Nutrition** (De la) **des végétaux,** considérée dans ses rapports avec les assolements, par le baron DE BABO, président de la Société agricole du Grand-Duché de Bade; traduit de l'allemand par un ancien élève de Grignon. 1 vol. » 80

**Oiseaux de basse-cour,** par le baron E. PEERS, président de la commission provinciale d'agriculture de la Flandre occidentale. 1 vol. de 190 pages et 13 planches. 1 »

**Pisciculture** (Traité de). — Multiplication artificielle des poissons, par J. P. J. KOLTZ, élève diplômé de l'Institut agricole de Hohenheim, 2e édition. 1 volume de 150 pages avec 27 gravures. 1 50

*Origine de la fécondation artificielle des poissons — fécondation et croisement des espèces — appareils à éclosion — incubation — transformation — acclimatation — transport des œufs et des poissons — frais d'établissement — des espèces de poissons qui se trouvent et se reproduisent dans les eaux douces — des espèces qu'on a tenté d'acclimater — des crustacés d'eau douce à propager dans les rivières.*

**Plantes-racines** (Culture des) : **pomme de terre — topinambour — betterave — carotte — navet — rutabaga — chicorée**, par MAX. LE DOCTE, agronome, directeur de l'exploitation agricole de Gembloux, ancien secrétaire de la

Société centrale d'agriculture. 2e édition. 1 volume avec gravures. 1 25

**Porcs** (Éducation des) par Paul de Mortillet. 1 volume de 54 pages. » 50

*Ce volume traite : Du porc en général — de la porcherie — du verrat — de la truie — des porcelets — des porcs adultes et de leur alimentation — de l'engraissement — des races — des frais et produits.*

**Porcs** (Traitement des), — naissance, sevrage, élevage, engraissement, mort — d'après la méthode anglaise. 1 volume orné de 30 gravures. 1 25

**Prairies** (Les) **naturelles et artificielles** — formation — amélioration — entretien — renouvellement, par V. de Moor. 1 volume avec 67 gravures. 2 »

**Promenades d'un maître d'école avec ses élèves,** ou entretiens sur les éléments de l'agriculture, par le baron de Babo. 1 volume de 125 pages. » 75

**Stabulation de l'espèce bovine,** par le baron E. Peers, président de la commission provinciale d'agriculture de la Flandre occidentale. 1 vol. de 150 pages. 1 »

*Couronné par le gouvernement belge.*

**Tabac** (Du). — Description historique, botanique et chimique — climat — culture — récolte — frais — produits — modes de dessiccation — séchoirs — conservation — commerce ; par V. Demoor. 1 volume de 180 pages et 20 gravures. 2 »

**Topinambour** (culture, alcoolisation et panification du), par P. Delbetz. 1 vol. de 124 pages. 1 25

**Vaches laitières** (Choix des), description de tous les signes à l'aide desquels on peut apprécier les qualités lactifères des vaches, par Magne. 1 vol. avec planches. » 40

**Zootechnie générale.** — Reproduction, amélioration et élevage des animaux domestiques, traduit de l'allemand d'Auguste de Weckherlin, ancien directeur de l'institut agronomique de Hohenheim. 1 vol. de 216 pages. 2 »

**Terrains agricoles** (De la connaissance des) considérés au point de vue de leur nature et de leur valeur, par le comte De Gasparin, ancien ministre de l'agriculture, en France, etc. 1 volume format in-8° de 400 pages. 2 00

*Édition précédée du tableau officiel pour l'évaluation des immeubles en Belgique.*

**Nivellement** (Traité de) comprenant la théorie et la pratique du nivellement ordinaire et des nivellements expéditifs dits préparatoires ou de reconnaissance, par J. Breton (De Champ), ingénieur des ponts et chaussées, ancien élève de l'école polytechnique. 1 volume in-8° de 300 pages et planches. 5 00

**Œuvres illustrées de Jacques Bujault**, laboureur à Chaloüe (près Melle) recueillies et précédées d'une introduction par Jules Rieffel, directeur de la ferme-modèle de Grand-Jouan. Un beau volume de 520 pages enrichi de 34 planches — au lieu de : 7 francs 50, prix : 6 00

**Dictionnaire d'agriculture pratique** comprenant tout ce qui se rattache à la grande culture, au jardinage, à la culture des arbres et des fleurs, à la médecine humaine et vétérinaire, à la botanique, à l'entomologie, à la géologie, à la chimie et à la mécanique agricoles, à l'économie rurale, etc., par P. Joigneaux et Ch. Moreau, 2 forts vol. grand in-8° avec grav., imprimés sur 2 colonnes. 20 00

**L'art de produire les bonnes graines, pour la grande culture et le jardinage**, par P. Joigneaux, 1 volume de 167 pages et 57 gravures. 2 00

**Les arbres fruitiers :** Manuel populaire de culture, marcottage, bouturage, greffage et taille, par P. Joigneaux, 1 beau volume de 200 pages avec 111 gravures et le portrait de J.-B. Van Mons. 2 00

**Conseils à la jeune fermière**, par P. Joigneaux, 1 volume de 225 pages et 58 gravures. 2 00

**Conseils au jeune fermier**, (deuxième édition des *Instructions agricoles*), par P. Joigneaux, 1 vol. de 180 pages. 1 00

www.ingramcontent.com/pod-product-compliance
Ingram Content Group UK Ltd.
Pitfield, Milton Keynes, MK11 3LW, UK
UKHW021154260726
13994UKWH00001B/451

9 782329 415468